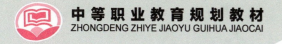
中等职业教育规划教材
ZHONGDENG ZHIYE JIAOYU GUIHUA JIAOCAI

凌志杰 江彩 ◎ 主编
杨新 畅丰鹏 ◎ 副主编

安全教育
读本

第2版

人民邮电出版社
北 京

图书在版编目（CIP）数据

安全教育读本 / 凌志杰，江彩主编. -- 2版. -- 北
京：人民邮电出版社，2013.5（2019.8重印）
中等职业教育规划教材
ISBN 978-7-115-30954-9

Ⅰ. ①安… Ⅱ. ①凌… ②江… Ⅲ. ①安全教育－中
等专业学校－课外读物 Ⅳ. ①G634.203

中国版本图书馆CIP数据核字(2013)第036532号

内 容 提 要

本书是面向中等职业学校学生的安全教育读物，由全国数十名从事中等职业学校学生安全教育工作 的专家、学者，运用现代安全科学理论，经过广泛、深入的调研，吸收国内外最新的研究成果，发挥集体智慧编写而成。本书集理论性、知识性、实用性于一体，通俗易懂，图文并茂。

全书共分 8 篇，从学校、防火、交通、家庭、运动与旅游、社会、职场以及急救方面，系统地介绍有关法律、法规和安全知识，旨在提高广大学生的安全防范意识和自我保护能力，为中等职业学校学生顺利完成学业以及毕业走向社会，提供安全保障。

本书为中等职业学校公共素质教育教材，也可作为中等职业学校学生自学读本。

◆ 主　编　凌志杰　江彩
　　副主编　杨　新　畅丰鹏
　　责任编辑　王　平

◆ 人民邮电出版社出版发行　　北京市丰台区成寿寺路 11 号
　　邮编　100164　　电子邮件　315@ptpress.com.cn
　　网址　http://www.ptpress.com.cn
　　北京虎彩文化传播有限公司印刷

◆ 开本：787×1092　　1/16
　　印张：9.5　　　　　　　　　　2013 年 5 月第 2 版
　　字数：214 千字　　　　　　　　2019 年 8 月北京第 15 次印刷

ISBN 978-7-115-30954-9

定价：24.00 元

读者服务热线：(010)81055256　印装质量热线：(010)81055316
反盗版热线：(010)81055315
广告经营许可证：京东工商广登字 20170147 号

本书编委会成员

主　编：凌志杰　江　彩

副主编：杨　新　畅丰鹏

编　委：赵　莉　高莺娜　杨　明　陈一锐

　　　　王　师　李佳钰　李雪莲　汤林芯

第2版前言

随着社会的发展、人类的进步，人们对安全问题的认识在不断地提高。今天，人们面对的安全问题已不仅仅是人身安全问题，对人类安全的影响除了自然因素以外，还有人为因素、社会因素等，它们均会给人类安全带来威胁。可以说，安全是人类生存、生活和发展的最根本的基础，也是社会存在和发展的前提和条件。

中等职业学校的安全教育，是指中等职业学校为了维持学校的正常秩序，维护中职学生人身、财产安全和身心健康，提高中职学生的安全防范意识与自我保护能力，从学校实际情况出发，依照国家有关法律、法规的规定，制定各种安全教育与管理的规章制度，并进行国家法律、法规以及学校安全规章和纪律、安全知识与防范技能的教育与管理活动。

掌握和具备一定的安全知识，在学习、生活和社会实践中，就能够未雨绸缪，预先采取防范措施。在面临突发性安全事件时，就能依据法律和安全知识，避免遭受损失。当身处灾害和事故中时，也能够想方设法争取逃生、自救互救，最大限度地减轻损失。因此，为了对中等职业学校开展安全知识教育，增强学生自我防范、自我保护的能力，我们组织有关专家和教师编写了《安全教育读本》一书，作为中等职业学校安全教育的教材。

本书从中等职业学校的培养目标和中等职业学校的实际出发，根据中职学生的特点和实际需要，既安排了学生在学校中应掌握和了解的安全基本知识，又涉及了以后走上工作岗位所应该具有的安全知识，从而为提高学生的专业素质和专业知识提供了保证。本书集理论性、知识性、实用性于一体，通俗易懂，图文并茂，可作为中等职业学校公共素质教育教材，也可作为中等职业学校学生自学读本。

本书由凌志杰老师和江彩校长担任主编，由杨新老师和畅丰鹏老师担任副主编。参加编写工作的还有邹春芳、赵莉、高莺娜、杨明、陈一锐、王师、李佳钰、李雪莲、汤林芯。

本书在编写过程中，参阅了大量的相关论著，吸收了其中最新成果和相关经验，在此向原著作者表示衷心的感谢！

由于编著时间仓促，编者水平有限，书中难免存在错误和不妥之处，敬请读者批评指正。

编　者
2012 年 12 月

目录

　　广大青少年在学校里学习知识、增长才干、完善自我，毕业后步入社会，实现自身的价值。学生的人身安全和身心健康，是学生在校学习、生活的基本保障，也是他们成长、成才的先决条件。

　　随着日常生活中安全事故、法律纠纷的日见增多，校园安全也成为社会关注的热点之一。校园是学生们学习、生活的主要场所，中等职业学校的学生是技能型的人才和高素质劳动者的后备军，在创建"和谐校园"的活动中，要形成安全意识，掌握安全知识，养成注重安全的习惯。

校园篇

——维护学校稳定　构建和谐校园

遏制学校暴力

用平安祝福学校的今天，用平安打造学校的未来。

☞ 之一：2011年4月26日上午，某市一职中八（2）班学生郑某兄弟二人与七（4）班学生胡某因玩耍发生纠纷，27日下午放学后，胡某与七（5）班学生郭某约郑某兄弟中一人到旺隆小学球场准备打郑某。这时，郑某用藏在书包里的西瓜刀砍伤郭某，致使郭某手臂受伤，郑某被送入少年管教所。

☞ 之二：某校一男一女两名学生正在一僻静的街道骑车回家，突然，一群小混混围上来要强行搜身。当时，女生吓得直发抖，男生则镇定自若，掏出香烟、打火机和身上的数百元钱，假说自己也是同道上混的，愿意和他们交个朋友。小混混一见他那么"爽快"，也没有过多地为难他们，拿了钱便扬长而去了。等他们走了一段距离以后，男生急忙叫女生去报案，自己悄悄跟在小混混后面。不久，有说有笑正在分享"战果"的小混混，全部被警察抓获了。

知识探究

校园暴力，顾名思义，是指发生在校园及其附近的，以学校教师或学生为施暴对象的恃强凌弱的暴力行为，主要包括抢劫、抢夺、纠纷及斗殴等行为。

校园是培养人的地方，本该是一方净土和文明的殿堂。然而，近年来人们常常会看到在校园内发生一些暴力事件，轻则恶语伤人，重则出人命。有老师打学生的，有学生打老师的，有学生打学生的，也有校外人员进入校园行凶闹事的，给美丽的校园蒙上了一层阴影。进入21世纪以后，中央十六大和十六届三中全会、四中全会，从全面建设小康社会，开创中国特色社会主义事业新局面的全局出发，明确提出了构建社会主义和谐社会的重大战略思想，学校作为社会的一个重要组成部分，要竭力遏制校园暴力的发生。没有和谐的校园，就不会有和谐的社会。

防范校园暴力应从社会、学校、家庭和学生自身四方面入手，齐心协力。下面我们分别讲述怎样防范和应对校园里的抢劫、抢夺、纠纷、斗殴等行为的发生。

一、防范抢劫与抢夺

抢劫是指以非法占有为目的，以暴力、胁迫或者其他方法将公私财物据为己有的一种犯罪行为。抢夺是指以非法占有为目的，乘人不备，公然夺取他人财物的犯罪行为。这两类犯罪行为都容易转化为凶杀、伤害、强奸等恶性案件，严重侵犯他人的财产及人身权利，威胁他人生命安全，造成他人生命、健康及精神上的损害，比盗窃犯罪具有更大的危害性。因此，必须积极防范。

1. 校园抢劫案件的特点

（1）发案时间一般为师生休息或校园内行人稀少、夜深人静时。

（2）大多数抢劫案件发生于校园比较偏僻、阴暗、人少的地带，一般为树林中、小山上，以及远离宿舍区的教学实验楼附近或无路灯的人行道、正在兴建的建筑物内。

（3）抢劫的主要对象是单身行走的人员，特别是单身行走的女性。

（4）作案人一般为校内或学校附近有劣迹的小青年，熟悉校园环境，往往结伙作案；作案时胆大妄为，作案后逃遁。外地流窜作案的可能性较小。

2. 易受到抢劫分子侵害的学生类型

（1）性格较孤僻的同学。

（2）平时胆子较小的同学。

（3）好面子的同学。

（4）平时身上爱带钱的同学。

（5）爱讲究穿戴的同学。

（6）爱在同学之间讲吃、讲喝的同学。

3. 中职生如何预防被抢劫、抢夺

要避免抢劫案和抢夺案的发生，必须要做到以下几点。

（1）外出时不要携带过多的现金和贵重物品，如果因需要必须携带大量现金或较贵重物品，可请同学随行。

（2）现金或贵重物品最好贴身携带，不要置于手提包或挎包内。

（3）不外露或向他人炫耀贵重物品，应将现金、贵重物品藏于隐蔽处。

（4）尽量不要在午休或夜深人静时单独外出，特别是女同学，不要在僻静、阴暗处行走、逗留。如果必须通过僻静、阴暗处，最好结伴而行，或者携带一些防卫工具。

（5）发现有人尾随或窥视，不要紧张或露出胆怯神态，可以大胆回头多盯对方几眼，或哼着首歌曲，或大叫同学、老师的名字，并改变原定路线，立即向有人、有灯光的地方奔跑。

4. 遭遇抢劫、抢夺时怎么办

万一遭遇抢劫、抢夺时，应当保持镇定，根据所处的环境，对比双方的力量，针对不同的情况采取不同的对策。

（1）案发时，要在保证自身安全的情况下尽力反抗，分析犯罪嫌疑人和自己的力量对比，只要具备反抗的能力或时机有利，就应发动进攻，以制服或使犯罪嫌疑人丧失继续作案的心理和能力。

（2）与犯罪嫌疑人尽量纠缠。可利用有利地形或身边的砖头、木棒等足以自卫的武器与犯罪嫌疑人形成僵持局面，使犯罪嫌疑人短时间内无法近身，以便引来援助者，并给犯罪嫌疑人心理上造成压力。

（3）实在无法与犯罪嫌疑人抗衡时，可以看准时机向有人、有灯光的地方或宿舍区奔跑。

（4）巧妙麻痹犯罪嫌疑人。当已处于犯罪嫌疑人的控制之下而无法反抗时，可按犯罪嫌疑人的要求交出部分财物，并采用语言反抗法，理直气壮地对犯罪嫌疑人进行说服教育，晓以利害，从而造成犯罪嫌疑人心理上的恐慌。切不可一味地求饶，应当尽量保持镇定，与犯罪嫌疑人说笑斗嘴，采取幽默方式表明自己已交出全部财物并无反抗的意图，使犯罪嫌疑人放松警惕，以便自己看准时机进行反抗或逃脱其控制。

（5）采用间接反抗法，即趁犯罪嫌疑人不注意时在其身上留下记号，如在其衣服上擦点泥土、血迹，在其口袋中装点有标记的小物件，在犯罪嫌疑人得逞后悄悄尾随其后，注意其逃跑去向等。

（6）如果敌强我弱，要采取灵活做法，要镇静，注意观察犯罪嫌疑人，尽量准确记下其特征，如身高、年龄、体态、发型、衣着、胡须、语言、行为等。

（7）及时报案。要在最短时间内向公安机关、学校保卫部门报案，说明发案时间、地点、犯罪嫌疑人特征、自己财物损失情况等。犯罪嫌疑人得逞以后，很有可能继续寻找下一个抢劫目标，甚至还敢在作案现场附近的商店和餐厅进行挥霍。所有中职学校一般都有较为严密的防范措施，能及时报案和准确描述犯罪嫌疑人特征，有利于有关部门及时组织力量布控，抓获犯罪嫌疑人。

（8）无论在什么情况下，遇到抢劫时，只要有可能就要大声呼救，或故意高声与犯罪嫌疑人说话。犯罪嫌疑人逃跑时，应大声呼叫周围的群众，围追堵截，迫使犯罪嫌疑人放弃所抢物品。

二、预防纠纷与斗殴

中职学校中出现打架斗殴现象，绝大部分是由于同学之间一些小的矛盾纠纷没有得到及时化解而酿成的。俗语说："祸福皆源于口。"这里我们主要讲怎样预防和化解纠纷，以及如何防止斗殴现象的发生，以增强广大同学的自律意识，保护自身安全。

1. 中职生之间发生纠纷的主要表现形式

中职生之间发生纠纷主要表现形式有两种：一是争吵斗嘴，互相攻击、谩骂；二是打架斗殴，由争吵不断升级，发展为你推我搡，最后大打出手。两种形式联系紧密，往往以争吵开始，以打架甚至造成伤害而告终。还有其他一些形式，如写恐吓信，背后进行造谣、污蔑等。

2. 怎样防止纠纷的发生

纠纷是生活中的常见现象，又往往会造成严重后果，所以应尽力防止纠纷的发生，避免一失足成千古恨。当预感到可能发生纠纷的时候，可尽力做到以下几点。

（1）冷静克制，切莫莽撞

无论争执由哪一方引起，都要持冷静态度，不可情绪激动，这就要求我们大度，虚怀若谷。只有"大着肚皮容物"，才能"立定脚跟做人"。正如某古刹有一副颂扬大肚弥勒佛的对联："大肚能容，容天下难容之事；开口便笑，笑世间可笑之人。"

（2）诚实谦虚

在与同学以及其他人相处中，诚实、谦虚是加强团结和增进友谊的基础，也是消除纠纷的灵丹妙药。有了诚实、谦虚的精神，在发生纠纷的时候，就能认真听取他人的意见，作认真的自我批评，宽容他人的过失，处理好相互间的争执。在与他人的交往中，特别在发生争执的时候，诚实、谦虚并不是懦弱与妥协，相反，它是自身强大和品德高尚的表现。

（3）注意语言美

实践证明，纠纷多数由口角引起，而口角的发生都是恶语伤人的必然结果。"病从口入，祸从口出"，"话不投机半句多"，这些都深刻揭示了语言与纠纷的辩证关系。语言美是社会主义精神文明的重要内容，当不小心触犯了别人时，讲一句"对不起"、"很抱歉"、"请原谅"，或者别人触犯了你，向你道歉时，你回敬一句"别客气"、"没关系"，紧张的气氛就会烟消云散，从而化干戈为玉帛。

3. 怎样防止斗殴

（1）防突发性斗殴的"偏方"——说服术

突发性斗殴往往是由于对偶然的起因不能冷静对待而引起的。制止这种斗殴首先应采取说服的方法，针对不同的对象，认真讲清道理，指出"行少顷之怒，丧终身之躯"的严重后果，使其冲动的头脑迅速冷静下来，不自酿苦酒。

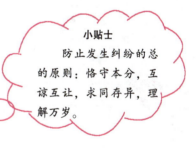

小贴士

防止发生纠纷的总的原则：恪守本分，互谅互让，求同存异，理解万岁。

（2）防报复性斗殴的方法——攻心术和暗示效应

报复性斗殴往往产生于某种奇特的变态心理。在生活中，人们的思想动机必然要从言语、行为等方面显露出来。所以，我们要注意关心同学的思想变化，发现问题后及时而又有针对性地进行规劝。攻心术与说服术所不同的是，攻心术以关切为先导，不直接指出对方的错误，因为那样容易引起对方的反感，或置对方于十分难堪的境地。每个人的自尊心都很强，所以，应委婉相劝，攻心为上，用一种相似的人或事来善意暗示对方，让对方自己觉悟，从而领悟到同学之间的情谊。

（3）防演变性斗殴

演变性斗殴一般有较长周期的滋生过程。同学们长期生活在一起，不可避免地在思想上和生活上会发生一些摩擦和冲突，而有些伤人感情的话语容易生成积怨，引发斗殴，甚至毙命。

（4）防群体性斗殴

中职生完全能够从纷繁复杂的生活现象中分辨是非，判断正误。但是为帮同学、老乡或朋友而进行群体性斗殴的现象却也时有发生。

广大青少年应该积极抵制武侠小说、打斗影视作品中宣扬的江湖义气的影响，树立正确的交友观念，不要因为所谓的哥们儿义气，置法律于不顾。

学完此课，对于文中讲到的同学之间的情谊，你是如何理解的？

打架斗殴的性质

生命权和健康权是人类最基本的权利。生命权和健康权是其他一切权利的基础。打架斗殴行为可能构成的罪名有两个：一个是"故意伤害罪"，另一个是"故意杀人罪"。《中华人民共和国刑法》对故意伤害罪的定义是：故意非法损害他人身体健康的行为。"打架斗殴"是一种典型的故意伤害行为。

按照故意伤害的伤害结果，可以把"故意伤害罪"分为故意伤害致人"轻伤"、故意伤害致人"重伤"和故意伤害致人"死亡"。法律规定：14周岁（包括14周岁）以上的人，要对故意伤害致人重伤或死亡的后果承担刑事责任。16周岁（包括16周岁）以上的人，要对故意伤害致人轻伤以上的行为承担刑事责任。

"刑事责任"是指触犯《中华人民共和国刑法》（以下简称《刑法》）所要承担的法律责任，具体包括死刑、无期徒刑、有期徒刑、管制、拘役等。打架斗殴等故意伤害行为严重扰乱社会秩序，严重威胁他人的生命和健康，《刑法》规定了较重的刑事责任。根据《刑法》第一百三十四条的规定：犯故意伤害致人轻伤的处 3 年以下有期徒刑、拘役或管制；致人重伤的，处 3 年以上 10 年以下有期徒刑；致人死亡，或以特别残忍手段致人重伤，造成严重残疾的，处 10 年以上有期徒刑、无期徒刑或死刑。

学以致用

1. 什么是抢劫？中职生应如何预防被抢劫？
2. 如果你的好朋友被人欺负，找你帮忙去报复别人，你应不应该去？为什么？
3. 如果在日常生活中和同学发生矛盾应该怎么处理？为什么？

第二课　突发事件应对

事故警钟时时敲，安全之弦紧紧绷。

应知导航

☞ 之一：2009 年 12 月 7 日晚 10 时许，湖南省湘乡市私立育才中学学生晚自习结束下楼时，由于几个调皮男生故意堵住楼梯口而导致了一起死亡 8 人、伤 20 余人的校园恶性楼梯踩踏事故。

☞ 之二：2012 年 1 月，重庆市彭水县一所小学发生了学生踩踏事件，数十人受伤。

知识探究

一、突发事件发生的原因

中职生对突发事件的预防及应对，主要是指对公共场所发生的或可能出现的踩踏事件的预防和应对。

人群拥挤踩踏事件主要发生在空间有限而人群又相对集中的场所，如球场、商场、室内通道或楼梯、影院、超载的车辆、航行的轮船等，人群的情绪如果因为某种原因而变得过于激动，置身其中的人就有可能受到伤害。

导致踩踏事件发生的原因主要如下。

（1）前面有人摔倒，后面的人又没有止步，而造成踩踏。

（2）人群由于受到惊吓而惊慌失措，大家在逃生中互相拥挤，发生踩踏。

（3）人群因为过度兴奋而造成踩踏事件的发生。

（4）好奇心驱使而造成的踩踏。

二、遭遇拥挤的人群怎么办

在人流量大的地方极易发生拥挤踩踏事故，所以大家应尽量避免靠近人多、拥挤的地方，如果不小心置身其中，可以按以下方法进行处理。

（1）发现拥挤的人群向着自己行走的方向涌来时，应该马上避到一旁，但是不要奔跑，以免摔倒。

（2）如果路边有可以暂时躲避的地方，可以暂避一时。切记不要逆着人流前进，那样非常容易被推倒在地。

（3）若身不由己陷入人群之中，一定要先稳住双脚。切记：远离玻璃窗，以免因玻璃破碎而被扎伤。

（4）遭遇拥挤的人流时，一定不要采用体位前倾或者低重心的姿势，即便鞋子被踩掉，也不要贸然弯腰提鞋或系鞋带。

（5）如有可能，抓住一样坚固牢靠的东西，待人群过去后，迅速而镇静地离开现场。

三、出现混乱局面后怎么办

如果拥挤的人流出现混乱时，一定要保持冷静，听从现场统一的指挥，不要跟着盲目拥挤，避免发生更大的悲剧。

（1）在拥挤的人群中，要时刻保持警惕，当发现有人情绪不对，或人群开始骚动时，就要做好准备保护自己和他人。

（2）此时脚下要敏感些，千万不能被绊倒，避免自己成为拥挤踩踏事件的诱发因素。

（3）当发现自己前面有人突然摔倒了，马上要停下脚步，同时大声呼救，告知后面的人不要向前靠近。

（4）若被推倒，要设法靠近墙壁。面向墙壁，身体蜷成球状，双手在颈后紧扣，以保护身体最脆弱的部位。

四、发生事故后应该怎么办

如果发生事故，面对惊慌失措的人群时，一定要使自己保持情绪稳定，不要被别人感染。惊慌只会使情况更糟，大家可以按以下方法进行处理。

（1）如果发生拥挤踩踏事故，应及时报警、联系外援，寻求帮助。赶快拨打"110"、"999"或"120"电话。

（2）在医务人员到达现场前，要抓紧时间用科学的方法开展自救和互救，尽量减少伤者的痛苦，避免更大的伤害。

发生严重踩踏事件时，最多见的伤害就是骨折、窒息。必须先将伤者平放在木板上或较硬的垫子上，解开衣领、围巾等，使伤者保持呼吸道畅通。

了解了一些因为拥挤踩踏而发生的不幸事故，应从中吸取到什么教训？

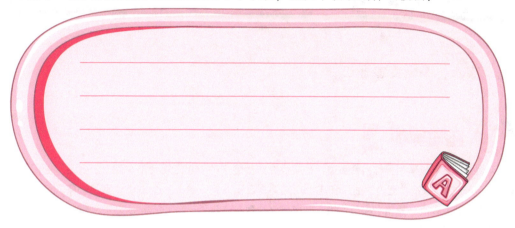

危险时刻如何保持镇定？

（1）在拥挤的人群中，一定要时时保持警惕，不要总是被好奇心理所驱使。当面对惊慌失措的人群时，更要保持自己情绪稳定，不要被别人感染，惊慌只会使情况更糟。

（2）已被裹挟至人群中时，要切记和大多数人的前进方向保持一致，不要试图超过别人，更不能逆行，要听从指挥人员口令。同时发扬团队精神，因为组织纪律性在灾难面前非常重要。专家指出，心理镇静是个人逃生的前提，服从大局是集体逃生的关键。

 学以致用

1. 导致踩踏事件发生的原因主要有哪些？
2. 在生活中哪些场所容易发生拥挤现象？应该如何避免卷入到拥挤的人流中？

当心身边的第三只手

害人，早晚要害自己。

 应知导航

一天晚上，某高校学生报称宿舍被盗，陈某放在床垫底下的150元现金不翼而飞。保卫干部赶到现场一看，5只箱子完全被撬，室内的抽屉和床上用品翻得乱七八糟，给人一个流窜作案的迹象。但在仔细勘查中，保安干部发现有一只箱子实属假撬，并以此为线索，破获了一起上铺学生盗窃下铺学生财物的案件。幸好报案及时，赃款还在作案人的文具盒里，否则，被盗者半月的生活费就没有了着落。

知识探究

盗窃是指一种以非法占有为目的，秘密窃取国家、集体或他人财物的行为。它是一种最常见的，并为师生员工最为深恶痛绝的违法犯罪行为。盗窃案在学校发生的各类案件中约占90%以上。

以作案主体进行分类，盗窃案可分为外盗、内盗和内外勾结盗窃3种类型。少数中职生对自己要求不严，人生观和价值观发生扭曲，法律意识淡薄，不顾家庭和自己的经济承受能力，追求时髦，盲目攀比，从而导致没有钱花就去偷，逐步走上了犯罪道路，这是导致中职学校盗窃案件不断上升的原因之一。

一、如何保管好自己的现金和贵重物品

现在的中职生，往往有手机、快译通、收录机、数码相机、收音机等比较贵重的物品，有的人一次从家中带来或寄来几千元生活费，一旦被盗，不仅会使生活、学习受到很大影响，往往还会影响情绪，分散精力。

（1）现金最好的保管办法是存入银行。尤其是数额较大的要及时存入，千万不能怕麻烦。

- 储蓄后要记下存单号码，将身份证与存折分开放，一旦被窃或丢失，便于报案和到银行挂失。
- 应选用适当的储蓄种类，就近储蓄，现在不少储蓄所有计算机加密业务，不仅要有

存折，还需输入正确的密码才能取到款。

- 没有密码的储蓄所则可办理凭印鉴或身份证取款的手续，将印章或身份证随身携带或与存折分开放，这样即使存折丢失、被盗，也不用担心现金被人冒领。

（2）贵重物品不用时最好锁在抽屉里或柜子里，以防顺手牵羊、乘虚而入者盗走。

- 放假离校应将贵重物品随身带走或托可靠的人保管，不可留在寝室。
- 住在一楼的同学，睡前应将现金及贵重物品锁入抽屉，防止被人"钓鱼"钩走。
- 寝室的门最好能换上保险锁，易于翻越的窗户要加护栏，门钥匙不要随便乱放以防丢失。
- 在价值较高的贵重物品上，有意识地作上一些特殊记号，这样即使物品被偷走，将来找回的可能性也要大些。

二、宿舍防盗应注意哪些问题

保护好每个同学的财物不发生被盗，这不仅是个人的事，而且要依靠全寝室、全班的同学共同关心。宿舍防盗应注意如下问题。

（1）最后离开寝室的同学要锁门，要养成随手关门、锁门的习惯。短时间离开宿舍，如去水房、上厕所、串门聊天或去买饭时也要锁门，一时大意后悔莫及。

　　一女生到相邻寝室办事，没锁门，仅仅几分钟，回来后发现挂在床上的手包连同手机、牡丹卡等价值8000元的东西被盗，她痛哭不已。

（2）不能留宿他人。年轻人热情好客很正常，但不可违反学校宿舍管理规定，更不能放松警惕，引狼入室。

　　某同学在返校船上结交一位朋友，该人谈吐文雅，自称是本校高年级同学，几天后，该人来找他玩，正赶上他要上课，将其留在寝室，谁知该人却将寝室内的现金、贵重物品席卷而去。事后经调查，学校根本没有此人。

（3）对形迹可疑的陌生人应提高警惕。盗窃分子都有在宿舍里四处走动、窥测张望等共同特点，见到这类形迹可疑的陌生人，只要同学们多问问，就会使盗窃分子感到无机可乘，不敢贸然动手，客观上起到了预防作用。

（4）负责安全值班的同学要切实负起责任，其他同学要支持值班人员的工作，尊重值班人员。

> 2003年暑假的一天中午，某中职学院假期返校学生李某停放在宿舍二楼的自行车几分钟就不见了。在查找中，发现一宿舍的门反锁，用钥匙打不开，进而对室内嫌疑人杨某审查。杨某是来找同学的外校学生，不但盗窃了自行车，还盗窃了4个计算器和1台电视机。因此，留校学生要支持、配合学校做好假期中的住宿管理工作。

（5）做到换人换锁，并且不要将钥匙借给他人，防止钥匙失控，宿舍被盗。

三、发现宿舍被盗后怎么办

发现自己寝室被盗，不少同学首先想到的是赶紧翻看自己的柜子、箱子、抽屉，查看自己丢失了什么。另一些同学则出于关心、好奇等原因前来围观、安慰。结果，待公安保卫部门接到报案来到现场时，现场的原始状态已发生很大变动，使得公安保卫人员难以对犯罪活动作出准确判断，影响了破案工作。那么发现寝室被盗后该怎么办呢？

（1）发现寝室门被撬，抽屉、箱子的锁被撬坏或被翻动，应立即向学校保卫部门报告，并告知有关领导。

（2）封锁和保护现场，不准任何人进入现场。

（3）如果发现存折被盗，应尽快到储蓄所办理挂失手续。

（4）如实回答前来勘验和调查的公安保卫人员提出的各种问题。回答时一要实事求是，不可凭空想象、推测；二要认真回忆，力求全面、准确。

（5）积极向负责侦察破案的公安保卫干部提供情况，反映线索，协助破案。反映情况时要尽量提供各种疑点、线索，不要觉得此事无关紧要而忽略；也不要觉得涉及某个同学怕伤感情。公安保卫部门有义务为反映情况的同学保密。

> 某同学寝室被盗后，该同学想到自己第二节课时没听课，到商店买东西，在商店里看见的一个人很像是同寝室另一同学的老乡，该人前不久来城做生意还来寝室玩过，接触中感到这人行为谈吐都不正派。但这位同学一是怕看错人；二是没有任何真凭实据，凭空怀疑怕同学知道了伤感情；三是怕连带出自己不上课的情节而受批评，因此好几天都没说。后在保卫干部反复启发下打消了顾虑，反映了这一线索。经保卫部门调查侦破，很快掌握了这个"老乡"的作案证据，追回大部分赃物，为该宿舍同学挽回了损失。

反观自我

你的身边发生过被盗的事例吗？学完本课，你从中得到了什么教训？

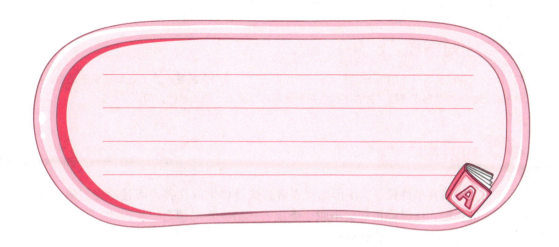

 **知识拓展**

什么是犯罪现场？

犯罪现场是判断犯罪分子进行犯罪活动和真实反映犯罪人客观情况的基础，只有将现场保护好了，侦察人员才有可能把犯罪分子遗留下的手印、脚印、犯罪工具等所有痕迹和物品的发现收集起来，而这些正是揭露和证实犯罪的有力证据。

犯罪现场应设岗看守，禁止围观，不能让无关人员进入现场。封闭室内现场，不能翻动室内的任何物品，对盗窃分子可能留下痕迹的门柄、锁头、窗户、门框等也不能触摸，以免把无关人员的指纹留在上面，给勘查现场、认定犯罪分子带来不必要的麻烦。

 **学以致用**

1. 看到陌生人进入宿舍，你应该采取什么态度？
2. 如果你所在的宿舍被盗，应该怎么办？

第四课　花季少女应学会自我保护

想要自己平安，并不难，只要把"安全"二字牢记心中。

应知导航

有一女生上完晚自习回家的路上，发现被一流氓盯上了。原回家路线前方不远即是偏僻路段，此女生当机立断，迅速改变了回家路线，并在不远处果断地叩响了路边一户人家的大门。

知识探究

近年来，性侵害事件频发，不但给受害者造成身体上的伤害，而且给她们的心理带来了难以磨灭的伤痕。性侵害是危害中职生健康成长的主要问题之一，因此，女同学更应该掌握一些这方面的知识，保护好自己。

一、女生容易遭受侵害的时间和场所

（1）夏天是女生容易遭受性侵害的季节。夏天天气炎热，女生夜生活时间延长，外出机会增多。夏季的校园内绿树成荫，罪犯作案后容易藏身或逃脱。同时，由于夏季气温比较高，女生衣着单薄，裸露部分较多，因而对异性的刺激增多。

（2）夜晚是女生容易遭受性侵害的时间。因为夜晚光线暗，犯罪分子作案时不容易被人发现。所以，女生应尽量减少夜晚外出。

（3）公共场所和僻静处所是女生容易遭受性侵害的地方。当游泳池、车站、影院等公共场所人多拥挤时，不法分子常乘机袭击女生；公园假山、树林深处、夹道小巷、楼顶晒台以及没有路灯的街道楼边，尚未交付使用的新建筑物内，下班后的电梯内，无人居住的小屋、陋室、茅棚等僻静之处，若女生单独行走、逗留，很容易遭受到流氓袭击。所以，女生最好不要单独行走或逗留在上述这些地方。

二、女生如何注意安全

注意安全须从我做起，树立警惕意识，加强自防自卫。具体要做到以下几点。

（1）保持警惕。如果在校园内行走，要走灯光明亮、来往行人较多的大道。对于路边黑暗处要有戒备，最好结伴而行，不要单独行走。如果走校外陌生道路，要选择有路灯和行人较多的路线。

（2）陌生男人问路，不要带路。向陌生男人问路，不要让对方带路。

（3）不要穿过分暴露的衣衫和裙子，不要穿行动不便的高跟鞋。

（4）不要搭乘陌生人的机动车、人力车或自行车，防止落入坏人的圈套。

（5）遇到不怀好意的男人挑逗，要及时斥责，表现出自己应有的自信与刚强。如果碰上坏人，首先要高声呼救，即

使四周无人，切莫紧张，要保持冷静，利用随身携带的物品，或就地取材进行有效反抗，还可采取周旋、拖延时间的办法来等待救援。

（6）一旦不幸受侵害，不要丧失信心，要振作精神，鼓起勇气同犯罪分子作斗争。要尽量记住犯罪分子的外貌特征，如身高、相貌、体型、口音、服饰以及特殊标记等。要及时向公安机关报告，并提供证据和线索，协助公安部门侦查破案。

三、女性防卫十招

一"喊"——有道是"做贼心虚"。别小看喊声带来的风吹草动，它有可能阻止犯罪嫌疑人的主观恶性继续加深。假如色狼正处于犯罪初始阶段，女性应当大声呼救，以求得他人闻警救助。

二"撒"——若只身行路遭遇色狼，呼喊无人，跑躲不开，色狼仍然紧追不舍，这时可以就地取材，抓一把泥沙撒向色狼面部（女性为防侵害，可以在衣袋、书包内常备些食盐），这样做可以抢出时间报警。

三"撕"——如果"撒"的办法不起作用，仍被色狼死死缠住，女性可以在反抗中撕烂色狼的衣裤，然后将衣裤碎片、衣扣、断带等作为证据带到公安机关报案。

四"抓"——使劲撕仍不能制止加害行为的，可以向犯罪嫌疑人的面部、要害处抓去。

五"踢"——面对一时难以制服的色狼，可以拼命踢向他的致命器官，这样可以削弱他继续加害的能力。

六"变"——若遭色狼跟踪，不要害怕，见机变换行走路线，一般都可将其甩掉。

七"认"——受到色狼不法侵害时，女性应当瞪大眼睛，牢记色狼的面部和体态特征，多记线索，以便在报案时（一定要争取在24小时之内）提供给公安人员。

八"咬"——色狼施暴时常常先将女性的双臂缚住，此时在不得已中应抓住时机咬住其肉体不松口，迫使其就范。

九"套"——如果几经反抗不力，此时也不可轻易放过（有些受害女性到此时就彻底放弃反抗了），可以采取"套"的办法来将其制服。

> 一位女子被害后哭着说："这么一来……我连对象都没法找了……你要是没有对象咱就……"次日晚，当色狼再次去找该女子要"谈情说爱"时，被早已等在那里的公安人员抓获。

十"刺"——如果遇上色狼手中有凶器，女性仍要沉着，胆大心细，不要慌乱。

> 有一女子被持刀色狼相逼，她临危不慌，让色狼先行脱衣，当其高兴中动手脱衣服时，此女快速用刀朝色狼要害处刺去。

反观自我

某学校女生小张经常在上学路上受到流氓的骚扰，小张因为害怕报复，不敢将此事告诉家长和老师，请问小张的做法对吗？你觉得她应该怎么做呢？

遇到流氓怎么办?

（1）向交通岗亭的警察寻求保护。

（2）如附近无交通岗亭或民警，则到商场里人多的地方去，然后再打公共电话叫熟人来接。

（3）随意走进附近的大单位，装出回到自己家的样子，然后高声喊"爸爸，我回来了!"

"哥哥，我回来了!"等等。

（4）如果可能，迅速拦一辆出租车或乘公共汽车离开。

女学生遇到性骚扰和性侵害时应该怎么办？

第五课　实验室安全

隐患处处有，安全时时记。

应知导航

☞ 之一：某中学组织同学参加爆炸演示，一位同学未按老师要求站在规定的方向和距离以外，擅自进入危险区，被爆炸时飞出的物体击倒，当场身亡。

☞ 之二：某中职学校一名女学生做"苯乙烯和生物油聚合"的实验，实验中擅自离开了实验室，其间发生了通风橱着火事故。

知识探究

学校实验室安全事故按其发生的原因可分4种类型：①因人员操作不慎、仪器设备使用不当和粗心大意酿成的事故；②因仪器设备和各种管线年久失修、老化损坏酿成的事故；③因自然现象酿成的自然灾害事故；④因心理失常引发的非法侵害事故（如计算机病毒或黑客攻击等）。

一、实验室火灾事故原因及预防

实验室安全守则

请遵守实验室安全守则！

学生在实验室内做实验时，接触易燃液体和气体，如果违反规定和处理不当极易引发火灾。

1. 实验室发生火灾的主要原因

（1）在实验室抽烟并乱扔烟头，接触易燃物。

（2）供电线路老化、短路、超负荷运行。

（3）忘记关电源，致使通电时间过长，电器温度过高和电线发热。

（4）电器操作不慎或使用不当。

（5）易燃物品保管或使用不当。

（6）不遵守实验室安全管理规程，违反操作规则，实验中擅自脱岗等。

2. 实验室火灾的预防

（1）参加实验的学生在实验前要认真检查实验设备的安全性能状况，发现电线及设备存在故障时，应及时报告实验室管理人员。

（2）学生进入实验室应严格遵守实验室管理规定，不得违规在实验室内吸烟或使用电器。

（3）参加实验的学生操作设备时应精力集中，使用易燃、易爆物品时更要谨慎小心，实验结束前学生不得擅自脱岗，以防发生火灾事故。

（4）参加实验的学生要了解实验室灭火器材的种类、存放位置和使用方法，一旦实验室发生火灾时，在报警的同时，立即使用灭火器材灭火。

二、实验室爆炸事故发生原因及预防

爆炸是大量能量在短时间内迅速释放或急剧转化成机械能的现象。高校实验室的爆炸事故多发生在具有易燃、易爆物品和高压容器的实验室。

1. 酿成实验室爆炸事故的直接原因

（1）违章操作，没有遵守安全管理规定。

（2）设备老化、存在故障，未及时检修。

（3）易燃、易爆物品管理不善，发生泄漏，遇火花引起爆炸。

2. 实验室爆炸事故的预防

（1）了解爆炸物的性能。

（2）在与爆炸物品接触时，要做到"7防"：防止可燃气体粉尘与空气混合；防止明火；防止摩擦和撞击；防止电火花；防止静电放电；防止雷击；防止化学反应。

（3）严格遵守各项法律、法规和规章制度。

（4）要严守岗位职责。在进行实验、实习时，要听从统一指挥，协调行动，恪守职责。

（5）要依靠组织，解决异常问题。如果发现丢失爆炸物品或有违反国家关于爆炸品管理规定的行为，必须及时报告老师、学校保卫部门或当地公安机关，便于组织上采取措施，防止危害事故发生。

（6）做好实验设备特别是压力容器的定期检验工作。

三、实验室中毒事故发生原因及预防

学校实验室的中毒事故多发生在具有化学药品和剧毒物品的化学、化工、生化实验室和具有毒气排放的实验室。

1. 实验室中毒事故发生的原因

（1）违反操作规程，将食物带进有毒物实验室或食物与有毒物品共同存放在一起，造成误食。

（2）因管理不善，造成毒品散落流失，引起环境污染。

（3）排风、排气不畅，毒气难以散出，致使未离开实验室人员中毒。

（4）废水排放管路受阻或失修改道，造成有毒废液流出，致使环境污染，引起中毒。

（5）没有按规定穿防护服装、戴防毒面具等进行有效防护。

2. 实验室中毒事故的预防

学生要特别重视剧毒物品的使用与管理问题。在实验中需要使用剧毒物品的，要严格遵守规定。对剧毒物品要按照"五双制"（双人保管、双人双锁、双人记账、双人领取、双人使用）的规定进行管理；学生在使用剧毒物品时，必须有教师带领；剧毒物品用完后，废弃物要妥善保管，不得随意丢弃、掩埋或水冲，应上交学校统一处理。

实验室火灾与爆炸事故在我们身边时有发生，学完本课，你从中得到了什么样的启示？

实验课安全须如

实验课是中职学生在校学习的重要课程，学生在做实验时要注意安全。实验用品大多是易燃、易爆、强腐蚀的化学药剂和有毒、有害、强电流的高危物品，实验的新奇又使得学生处于兴奋状态，因此要做好实验课的安全管理和实验用品的安全使用。

（1）严格实验规程，严格按照实验老师的指导和要求进行操作。

（2）盛放强腐蚀药剂的器皿安放必须牢固，防止打翻烧伤人员或引起其他事故。

（3）严禁向浓硫酸内直接加注水，防止发生飞溅，烧伤人员。

（4）严禁在没有防护的情况下将实验物品移出安全储藏环境，如将钠、磷分别从煤油、水中拿出来。

（5）必须用火柴或其他安全火种点燃酒精灯，严禁以酒精灯倾斜互点，防止酒精外溢或打翻酒精灯引发火灾。

（6）对易爆物品要注意安全使用，即使用易爆物品时，要远离火源。

（7）减少漏水、漏撒液体，防止因腐蚀导致其他事故。

（8）化学物品溅到人眼睛时，应用专用冲洗眼睛的水及时冲洗，并采取其他急救措施。

（9）做有毒气体的实验时，一定要安装尾气处理装置，以防发生事故，损害健康。

（10）做带电实验时，应确保电器处于安全工作状态，以防发生火灾、触电、爆炸等事故。

（11）做光学实验时，严禁用眼睛直视强光源，防止灼伤眼睛。

（12）实验室里的仪器一般都沾有药品或细菌，因此生物实验中的解剖刀具要谨慎使用，防止划伤手指；严禁持解剖用具嬉戏，谨防事故发生。

（13）及时清洗、消毒实验用具，防止污染环境或引发其他事故。

（14）不要将实验室里的药品随意拿出实验室，更不能随意去其他地方自行做实验，防止出现危险。

（15）如果实验时出现意外，不要慌乱，一切听从老师指挥。

 学以致用

1. 学校实验室安全事故发生的原因有哪几种？

2. 学生在实验中应如何使用剧毒物品？

　　火是人类的朋友，也是人类的敌人。人们几乎每天都要与火打交道：做饭、烧水、吸烟、取暖等，片刻都离不开火，这些存在着一定的隐患。而发生火灾的最根本原因是人们消防安全意识淡薄，缺乏基本的消防安全常识。"隐患险于明火，防范胜于救灾，责任重于泰山。"
　　因此，了解、学习和掌握防火知识，协助学校做好防火工作，减少和杜绝火灾的发生，保障人身财产安全是我们应尽的义务。

防火篇

——增强防火意识　防止火灾发生

引起火灾的因素及其危害

事故常在薄弱环节发生。

2003 年 12 月 2 日早上 6 时 49 分，北京交通大学 18 号楼 6 层一研究生宿舍发生火灾。北京市公安局消防局调度指挥中心接到报警后，迅速调动西直门、双榆树、府右街、亚运村 4 个消防中队，22 部消防车赶赴现场。经过消防队员的奋力扑救，大火于 7 时 42 分被扑灭。根据现场勘察和了解到的情况，消防部门初步断定起火原因是学生使用"热得快"将水烧干所致。

一、引起火灾的因素

燃烧作为一种发热、发光的化学反应，是人类最早发现和熟悉的化学现象之一。而燃烧一旦在时间和空间上失去控制就会演变为"着火"，由此造成物质财产损失和人员伤亡等灾难性的事件称为火灾。一般说来，引起火灾的原因主要有两个方面：一是自然因素引起的火灾；二是人为因素引起的火灾。

所谓自然因素引起的火灾，是由于某些物质自燃或遭受雷击引起的，如地震、火山爆发、雷击和物体自燃都可能引发火灾。自燃现象是在物质内部形成的，往往不易被发现，所以常常酿成大的灾害。自然火灾比较少见，现实生活中发生的火灾，绝大多数是因为人们用火、用电，使用液化石油气、天然气时不小心，违反操作规程以及玩火、吸烟、纵火等原因造成的。这类火灾叫人为火灾，主要有以下几个方面。

1. 家庭用火不慎

人们在日常生活中每时每刻都离不开火，其中使用最多的是做饭、取暖、照明，使用中稍有不慎，都有可能发生火灾事故，甚至发生火灾大难。例如，食油过热着火；倒炉灰不注意致使"死灰复燃"引起柴草等可燃物发生火灾；在野外郊游野炊、引燃树叶枯草等造成山林、草原火灾等。

在城镇，因家庭都使用煤气、液化石油气和天然气做饭、烧水，所以因生活用气引起的火灾也时有发生。其中以使用液化石油气而发生的火灾居多，常见的失火原因是液化石油气罐减压阀漏气，气管老化漏气遇火源引起火灾。另外，还有自倒罐和乱倒残液遇到火源引起的火灾。

2. 用电不慎

因用电不慎引起的火灾也相当普遍的，如电线老化漏气，乱拉乱接电线，用铜丝、铁丝代替保险丝等；使用电炉、电褥子、电熨斗等不慎引起火灾；使用电视机、电冰箱、空调等家用电器缺乏安全常识，使用电超负荷引起火灾等。

3. 吸烟不慎

吸烟是我们常见的一种用火现象。我国是世界上最大的卷烟生产国和消费国。在我国13亿人口中，吸烟者约有3亿，而在30岁左右的人群中，吸烟率约30%。吸烟时所使用的打火机或火柴等点火器具都是着火源。

烟头虽是个不大的火源，但是，它能引起许多物质着火。烟头表面温度为200～300℃，中心温度700～800℃，一般可燃物的燃点低于烟头表面温度，如纸张为130℃，麻绒为150℃，布匹为200℃，松木为250℃，一支香烟延烧时间长达4～10分钟，由于香烟燃烧时间长，燃心温度高，所以香烟引燃一般易燃物就不足为奇了。

4. 照明不慎

随着时代的发展，大多数家庭使用电灯照明。当遇到停电时，城市居民也常用蜡烛照明。此外，个别地区婚事、丧事等也有点燃蜡烛的习俗。因此，烛火的管理也是预防家庭火灾的重要因素。

5. 小孩玩火

少年儿童缺乏生活经验，出于好奇心有时玩火，引燃周围可燃物发生火灾。据统计，我国火灾总数中小孩玩火引起的火灾次数约占火灾总数10%，因此，教育小孩不要玩火，对减少火灾发生的次数及损失具有重要的作用。

6. 点蚊香不慎

目前，我国许多家庭仍在使用点蚊香进行驱蚊，一支小小的蚊香，点燃时焰心温度高达700℃左右，稍有不慎就能引起火灾。古语说："三九留心火炉，三夏留心蚊香。"

7. 燃放烟花爆竹不慎

我国每年春节期间火灾频发，其中80%以上的火灾事故是由燃放烟花爆竹所引起。

二、认识火灾危害性

随着现代化工业的发展、城市化进程的加快、国民经济的增长和国民收入的增加，火灾给社会带来的威胁越来越大。古谚说："水火无情。"火灾不仅毁灭了人类劳动创造的财富，而且无情地吞噬了许多人的生命，造成了一幕幕人间悲剧。

1. 毁灭物质财富

一把火往往能使人们辛苦创造的物质财富归于灰烬，化为虚无，造成直接和间接的经济损失。据报道，1950—2000 年的 51 年间，我国共发生了 343 万多起火灾，直接经济损失 197.8 亿元。2008—2010 年，我国共发生火灾 39.8 万起，死亡 3 865 人，受伤 1 967 人，直接经济损失 52.1 亿元人民币。

2. 造成人员伤亡

火灾给人类生命也带来严重威胁和损害。现代社会，物质文明高度发达，人口相对集中，火灾一旦发生，造成的人员伤亡数也会显著增加。据有关资料显示，全世界平均每天发生 1 万起火灾，平均每天有数百人在火灾中丧生。

3. 破坏生态环境

人类的生存离不开森林、草原、江河湖海，它们对调节气候、涵养水源、净化空气、维持生态平衡、保护人类的生存环境具有不可替代的作用。火灾发生时，会释放有毒有害气体，污染环境，毁坏资源，对生态环境的良性运行造成无法预测的影响，有时甚至是不可逆的。

同时，火灾的发生还对人类造成精神创伤，影响社会和谐和稳定。

三、校园频频发生火灾的原因

据资料统计，历年来校园发生的火灾，原因大体可分为以下几种。

1. 使用明火不慎，引起火灾

（1）违规点蜡烛。

某校宿舍楼的一名同学，晚上熄灯后在床铺上点蜡烛看书，结果，因疲劳睡着了，烛火引燃蚊帐造成火灾。

（2）违规点蚊香。

2007 年 3 月 5 日凌晨 3 时 30 分，惠州市综合福利院一楼 2103 房发生火灾，造成 8 名智障残疾儿童（4 男 4 女，年龄为 4～9 岁）窒息死亡。事故原因是智障残疾儿童睡着后被褥掉在点燃的蚊香上引起阴燃，产生大量浓烟，造成窒息死亡。

（3）违规烧废物。有的学生在宿舍内烧废纸等物，若靠近蚊帐、衣被等可燃物或火未彻底熄灭，人就离开，火星飞到这些可燃物上也能引起火灾。

（4）违章吸烟。烟头的表面温度为 200～300℃，中心温度为 700～800℃，若点燃的烟头遇低于烟头温度的可燃物，就能引起火灾。

（5）违章燃放烟花。

2008 年 8 月 20 日晚 11 时许，深圳市龙岗区龙岗街道龙东社区"舞王"俱乐部发生特大火灾，造成 40 多人死亡、88 人受伤，据深圳警方调查，火灾乃舞台上燃放烟花所致，逃生通道狭窄终酿惨剧。

（6）树林草坪违章用火。秋冬季节气候干燥，如在树林草坪吸烟、玩火、野炊、烧荒，都能引发冬季火灾。

2. 电气火灾

（1）违规用电。

> 2002年，某中职学校一名学生在宿舍内使用电热水壶，插上电源插头后，电源线拖在被子上，人离开宿舍，过了一段时间，发现宿舍往窗外冒烟，原因系线路超负荷，线路发热，绝缘层熔化，造成线路短路起火。

另外，违规乱拉、乱接电线，容易损伤线路绝缘层，引起线路短路和触电事故。

（2）使用电器不当。充电器长时间充电，如果被衣被覆盖，散热不良，也能引起燃烧。定时供电或因故障而停电也会引起火灾。

> 某中职学校学生在宿舍使用电吹风时，突然停电，电源插头未拔，就离开宿舍，来电时又没有回宿舍，电吹风较长时间工作，引起火灾。

 **反观自我**

看看下面这幅漫画——"抽支烟催催眠"，说说你的看法。

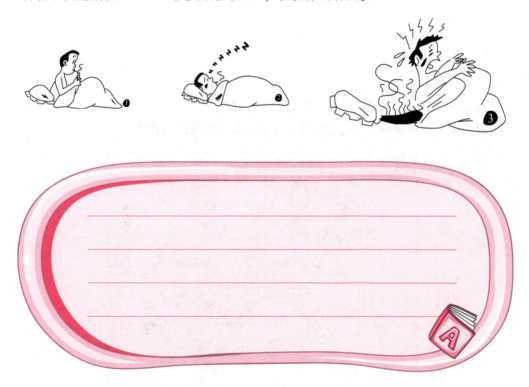

知识探究

为什么不能乱拉电线？

所谓乱拉电线，就是指不按照安全用电的有关规定，随便拖拉电线，任意增加用电设备，这样做是很危险的。乱拉电线存在以下危险性。

（1）电线拖在地上，可能被硬的东西压破或砸伤，损坏绝缘体。

（2）在易燃、易爆场所乱拉电线，缺乏防火、防爆措施。

（3）乱拉电线常常要避人耳目，工具、材料等工作条件差，装线往往不用可靠的线夹，而用铁钉钉或铁丝绑，结果磨破绝缘，损坏电线。

（4）不看电线粗细，任意增加用电设备形成超负荷，使电线发热、起火等。

这些情况，多数都能造成短路、产生火花或发热起火，有的还会导致燃烧爆炸，甚至引起触电伤亡事故。

为了保证用电安全，防止乱拉电线，有关管理部门一般都有如下规定。

（1）用电要申请报装，线路设备装好后要经过检验合格，才可通电，临时线路要严格控制，专人负责管理，用后拆除。

（2）采用合格的线路器材和用电设备。

（3）线路和设备要由专业电工安装，一定要符合有关安全规定。

学以致用

1. 结合身边的案例，说说火灾事故有哪些危害？

2. 看看下面这幅漫画，说说它们错在什么地方，谈谈你的看法。

积极防范火灾发生

一人把关一人按，众人把关稳如山。

应知导航

2010年除夕夜，某中职学校男生宿舍内几个未回家探亲的同学违反学校规定，擅自在宿舍内用液化气做饭。当春节联欢晚会开始时，他们都跑到对门房间看电视，未关闭灶具阀门。结果因时间过长，饭烧煳了，胶管也烧断了，火将灶具、床以及书籍引燃，幸亏楼内的其他同学嗅到气味，将火扑灭。肇事学生受到学校的记过处分，后悔莫及。

知识探究

"预防为主，防消结合"是我国消防工作的方针，这一方针使防火与消火紧密结合，相辅相成，争取了同火灾作斗争的主动权。所谓"消"，就是消灭、扑灭火灾；所谓"防"，就是防止、预防火灾。消防工作就是扑灭火灾、预防火灾。预防火灾的发生、创造良好的消防安全环境，是全民和全社会的事，涉及千家万户、各行各业，与每个人都有密切的关系。

一、学校怎样防火

（1）禁止在学校使用烟花、火柴等易燃、易爆物品（实验室除外）。

（2）实验室用的易燃、易爆物品，要有严格的使用、保管制度。

（3）学校要建立切实可行的消防制度，加强各部门如锅炉房、食堂、库房的防火管理。

（4）组织学生学习消防知识，掌握消防器材的使用，熟悉火灾逃生路线，认识消防标志，掌握自救自护方法等。有条件的学校可以进行火灾逃离演习。

（5）如果学生寄宿在学校，宿舍里不允许使用电炉等电热器具，使用蜡烛要格外小心，床上、蚊帐内严禁使用。

二、公共场所怎样防火

公共场所大都人员密集、财产集中，需要一个安全的环境。为了防止发生火灾，不要携带易燃、易爆物品乘坐公共交通工具或进入公共场所；不能随便乱动公共场所和公共交通工具的电气设备；要遵守公共秩序，不能从事与火有关的游戏活动。

三、山林怎样防火

　　山林是国家和集体的宝贵财富，一旦发生火灾，损失巨大。造成山林火灾的原因主要有两种，一是自然火源，二是人为因素，而且以人为因素居多。要防止山林火灾的发生，首先要杜绝人为火种，严格遵守山林管理的规章制度，不准在山林地区吸烟、野炊和举行篝火晚会等活动。其次，也要采取一定的保障措施，如在山林周围点燃一定宽度的隔离带，防止汽车漏气、扔烟头等引起的火灾；还可以对山林内的采伐剩余物进行清除，山林采伐可能会将大量的剩余物堆放或散落在林内，不及时清除，极易引起火灾。

反观自我

　　消防安全教育的工作方针是"防预为主，防消结合"，谈谈你对这句话的理解。

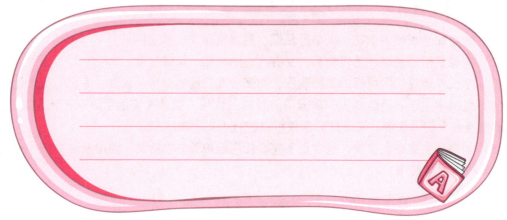

 **知识拓展**

会拨"119"，及时把火灭

　　某校办工厂生产学生用本，严禁烟火。有一次，一工人不小心引燃了堆在门外的下脚料，纸张一下子就烧了起来。王老师和一个同学在校门口看到了厂房里浓烟滚滚，赶快到旁边的收发室去拨火警电话"119"。进去以后发现看门的李大爷已经拨通了"119"，只听李大爷喊了一声："我们这儿着火了！"就慌慌张张地挂上了电话。王老师又赶紧拿起了电话重新拨通"119"，然后详细地告诉了消防部门学校所在的位置。不一会儿，消防车迅速赶到，及时扑灭了火，没有造成太大的损失。

　　如果你发现有地方发生火灾，一定要照以下方法去做：

　　（1）快速找到最近的电话报警；

　　（2）告诉消防部门起火的详细地址。

请你学会：

遇见火灾要冷静，快拨电话报火警；

匆忙之中莫忘记，详细地址要说清。

 学以致用

　　联系一下日常生活中听到或看到的一些火灾事故，想一想，为什么校园火灾屡次发生？我们应该怎样防范校园火灾的发生？

第三课

了解消防器材的配置和使用

　　事常与人违，事总在人为。

  应知导航

　　住在失火宿舍隔壁 628 房间的小钟正在睡梦中，忽然被呼喊声惊醒。她睡眼蒙**眬**地走出门外，只见隔

壁的4名女生站在门外哭喊着："宿舍着火了，快来帮着灭火！"小钟立刻返回宿舍，叫醒室友，拿起一个盆子往水房里冲。"里面已经有十几个人在接水。"小钟和同学们端着一盆盆水就往起火的宿舍里浇。等小钟端着盆子跑第三趟时，已被浇小的火突然大了起来。"我们没有想到对面宿舍的门一开，形成对流，火一下子烧了起来。""可惜我们不会用消防设施。"一名女生说。

 知识探究

火灾发生初期，火势较小，如能正确使用灭火器材，就能将火灾消灭在初起阶段，不至于使小火酿成大灾，从而避免重大损失。

通常用于扑灭初起火灾的灭火器，类型较多，使用时必须针对火灾燃烧物质的性质选择，否则会适得其反，有时不但灭不了火，而且还会发生爆炸。由于各种灭火器材内装的灭火药剂对不同火灾的灭火效果不尽相同，所以必须熟练地掌握灭火器在扑灭不同火灾时的灭火作用。

灭火器按其移动方式可分为手提式灭火器和推车式灭火器。

一、手提式灭火器

常见的手提式灭火器有手提式二氧化碳灭火器和手提式泡沫灭火器。

1. 手提式二氧化碳灭火器

二氧化碳具有较高的密度，约为空气的1.5倍。在常压下，液态的二氧化碳会立即汽化，一般1公斤的液态二氧化碳可产生约0.5立方米的气体。因而，灭火时，二氧化碳气体可以排除空气而包围在燃烧物体的表面或分布于较密闭的空间中，降低可燃物周围或防护空间内的氧浓度，产生窒息作用而灭火。另外，二氧化碳从储存容器中喷出时，会由液体迅速汽化成气体，并从周围吸引部分热量，起到冷却的作用。

手提式二氧化碳灭火器适用于扑救贵重设备、档案资料、600伏以下的仪器设备的初起火灾。手提式二氧化碳灭火器有两种使用方式，即手轮式和鸭嘴式。

（1）手轮式：一手握住喷筒把手，另一手撕掉铅封，将手轮按逆时针方向旋转，打开开关，二氧化碳气体即会喷出。

（2）鸭嘴式：一手握住喷筒把手，另一手拔去保险销，将扶把上的鸭嘴压下，即可灭火。

2. 手提式泡沫灭火器

手提式泡沫灭火器适宜扑灭油类及一般物质的初起火灾，使用时，可手提筒体上部的提环，迅速奔赴火场。这时应注意不得使灭火器过分倾斜，更不可横拿或颠倒，以免两种药剂混合而提前喷出。当距离着火点 10 米左右，即可将筒体颠倒过来，一只手紧握提环，另一只手扶住筒体的底圈，将射流对准燃烧物。在扑救可燃液体火灾时，如已呈流淌状燃烧，则将泡沫由远而近喷射，使泡沫完全覆盖在燃烧液面上；如在容器内燃烧，应将泡沫射向容器的内壁，使泡沫沿着内壁流淌，逐步覆盖着火液面。切忌直接对准液面喷射，以免由于射流的冲击，反而将燃烧的液体冲散或冲出容器，扩大燃烧范围。在扑救固体物质火灾时，应将射流对准燃烧最猛烈处。灭火时随着有效喷射距离的缩短，使用者应逐渐向燃烧区靠近，并始终将泡沫喷在燃烧物上，直到扑灭。使用时，灭火器应始终保持倒置状态，否则会中断喷射。

手提式泡沫灭火器
泡沫灭火器适宜扑灭油类及一般物质的初起火灾。
使用时，用手握住灭火机的提环，平稳、快捷地
提往火场，不要横扛、横拿。

手提式泡沫灭火器存放应选择干燥、阴凉、通风并取用方便之处，不可靠近高温或可能受到曝晒的地方，以防止碳酸分解而失效；冬季要采取防冻措施，以防止冻结；并应经常擦除灰尘、疏通喷嘴，使之保持通畅。

二、推车式灭火器

推车式灭火器适用于扑救油制品、油脂等火灾，但不能扑救水溶性可燃、易燃液体的火灾，如醇、酯、醚、酮等物质火灾；也不能扑救带电设备类火灾。

使用推车式灭火器时，一般由两人操作，先将灭火器迅速推拉到火场，在距离着火点 10 米左右处停下，由一人施放喷射软管后，双手紧握喷枪并对准燃烧处；另一人则先逆时针方向转动手轮，将螺杆升到最高位置，使瓶盖开足，然后将筒体向后倾倒，使拉杆触地，并将阀门手柄旋转 90°，即可喷射泡沫进行灭火。如阀门装在喷枪处，则由负责操作喷枪者打开阀门。

推车式灭火方法及注意事项与手提式泡沫灭火器基本相同，可以参照。由于该种灭火器的喷射距离远，连续喷射时间长，因而可充分发挥其优势，用来扑救较大面积的储槽或油罐车等处的初起火灾。

 反观自我

看看下面这幅漫画，说说你的看法。

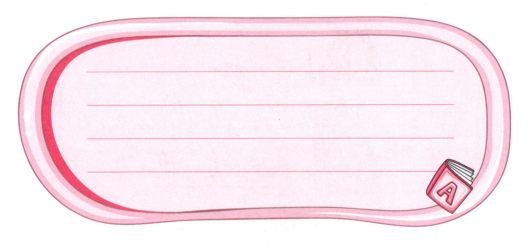

 **知识拓展**

火灾类型

按照不同物质发生的火灾，火灾大体可分为以下4种类型。

A类火灾为固体可燃材料的火灾，包括木材、布料、纸张、橡胶、塑料等。

B类火灾为易燃可燃液体、易燃气体和油脂类火灾。

C类火灾为带电电器设备火灾。

D类火灾为部分可燃金属，如镁、钠、钾及其合金等火灾。

泡沫灭火器一般能扑救A、B类火灾，当电器发生火灾，电源被切断后，也可使用泡沫灭火器进行扑救。干粉灭火器和二氧化碳灭火器则适用于扑救B、C类火灾。可燃金属火灾则可使用扑救D类的干粉灭火剂进行扑救。卤代烷（1211）灭火器主要用于扑救易燃液体、带电电器设备、精密仪器以及机房的火灾，这种灭火器内装的灭火剂没有腐蚀性，灭火后不留痕迹，效果也较好。

学以致用

说一说，你知道哪些常见的灭火器？它们应该怎样使用？

第四课　学会火场逃生

事故——对愚者是逗号，对智者是句号。

应知导航

2001 年发生在湖南湘潭的"1·9"金泉大酒店特大火灾，死亡 12 人，伤 12 人，直接经济损失达 79 万元。12 名遇难者中，3 人当场被大火烧死，3 人因一氧化碳中毒窒息死亡，有 6 人是跳楼后颅脑破损而亡。年龄最大的 51 岁，最小的还不到 20 岁。

然而，在大火中，夜总会歌舞厅乐队的鼓手刘武发现起火后，便摸索着爬到了屋顶平台。当时，一同上去的还有 50 多岁的杨老头和他的妻子。最后他们被消防队员平安地救了下去。大火中，有人用窗帘布连接起来拴在空调架上后再往下滑，同样死里逃生。

知识探究

一、火场逃生要遵循什么原则

火灾的发展和蔓延非常迅速，常超乎人们的想象。所以，初期灭火行动不能持续较长时间。研究发现，在起火后的 3 分钟内灭火行动最有效。但是，如果发现火焰已窜至天花板，或者是在不熟悉的场所发生火灾，应立即疏散。在逃生时，应掌握下列逃生的一般原则。

1. 保持冷静，不要惊慌

火灾现场温度高得惊人，大量的烟雾又会挡住人的视线、刺激人的器官（特别是眼睛和鼻子），这会让人感到死神的临近。此时更需要保持冷静，切勿惊慌。要知道"时间就是生命"，只有沉着冷静，才能思维敏捷，想出好的逃生方法，尽快脱离险境。

2. 积极寻找出口，切忌乱闯乱撞

现在的建筑物内一般都标有比较明显的出口标志。例如，公共场所墙壁、顶棚、转弯处设置的"太平门"、"紧急出口"、"安全通道"、"安全出口"等标志，逃生方向的箭头、事故照明灯、事故照明标志等，都可以引导人们找到逃生路径，撤离火场。

3. 舍财保命，迅速撤离

火灾发生后，应该迅速撤离现场，切忌贪恋钱财和其他一些私有物品。因为这些东西只能给逃生带来累赘，造成逃生的延误。

曾发生在江西的一次火灾中，有两名学生就是为了回房间取钱包而没能再次逃出来。在火场中，人的生命是最重要的，切忌把宝贵的逃生时间浪费在穿衣或寻找、携带贵重物品上。已经逃离险境的人员，切莫重返险地，自投罗网。

4. 注意防烟，切莫哭叫

大量的火灾案例证明，烟气是火场上的第一杀手。烟气中含有大量的一氧化碳、有毒气体等严重威胁人的生命的物质，并且，火灾时特有的高温和缺氧状态等会使人处于更加危险的境地。逃生过程中有很多有效的防烟措施和方法，现列举如下。

（1）将湿毛巾或者湿口罩拧干后捂住口鼻。实验证明，折叠16层的湿毛巾，除烟率为90%，折叠8层，除烟率为60%。

（2）如果没有毛巾，则可用身边其他东西代替，如手帕、手套、领带、衣服等，然后将这些东西浸湿，捂住口鼻。如果身边没有任何水可用，在紧急情况下，可以以尿代替。

（3）如距离较短，则可以屏住呼吸，一口气儿跑出去。

（4）在烟气中穿行时，应尽量降低姿势。如果烟气很浓，则应爬着出去。

（5）不要往起火点上层方向逃生，因为烟气垂直蔓延的速度是人逃生移动速度的3~4倍，这样容易将自己置于后无退路、前无生路的"绝地"。

（6）新鲜空气容易聚集在靠墙的地方，所以在逃生时应降低姿势沿着墙壁爬，这样容易辨清方向，有利于疏散。同时，楼梯台阶之间的拐角处也可能有残留空气，所以疏散时应脚朝下，倒着向下爬，途中可将脸贴近台阶拐角处呼吸。

（7）切莫哭叫。因为哭叫会增加有毒气体的吸入量，大大增加人们中毒的危险性。

除了这些简单有效的方法之外，人们还可以用棉被、较厚的衣物淋湿后披在身上，或者用一个灌满空气的透明塑料袋罩在头上。

5. 互相救助，有序疏散

互相救助是指处于火灾困境中的人员积极帮助他人脱离险境的行为。在火灾现场，如果无组织、无领导，被困人员由于恐慌，极易表现出盲目乱跑，互相拥挤，甚至互相踩压等行为，如果大家都一味地自私自利，便会酿成苦果。所以火场中，被困人员应采取一种自觉自愿的救助行为，使大家有组织、有秩序地快速撤离火场。例如，当火灾发生时高喊，"着火了"或敲门向他人报警，年轻力壮和有行为能力的人应积极救人、灭火，帮助年老体弱者、妇女和儿童以及受火势威胁最大的人员首先逃离火场，避免混乱现象的发生。

6．谨慎跳楼，减轻伤亡

只有在万不得已非跳楼否则即被烧死的情况下，楼层较低的居民可以采取跳楼的方法逃生。即便跳楼也应把握技巧，比如抱一些棉被、沙发坐垫等松软物品，然后手扒窗台，身体下垂，头上脚下自然下落，以此来缩短与地面的距离。根据周围的地形，选择平台、树木、沙土地、楼下的石棉瓦车棚、水池河畔等处或者打开大雨伞跳下，以减缓冲击力，减轻对身体造成的伤害。徒手跳的要用双手抱紧自己的头部，身体弯曲成一团，这样可以减轻对头部的伤害。

7．为什么起火不能乘电梯

高层建筑均设有供人们上下楼层的代步工具——电梯。但是，在发生火灾时，千万不可寄希望于它来脱离危险，原因有以下几点。

（1）电梯井直通大楼各层，火灾时，烟、热、火容易涌入，烟与火的毒性或熏烤可危及人的生命。

（2）在高温下，电梯会失控甚至变形，乘客被困在里面，生命安全得不到保障。灭火时，水容易流到电梯内，易使人触电。

（3）火灾时，楼内电气线路烧毁或断电，电梯就可能会停在楼层中间，人员被困在电梯内很难逃脱，外面的人也不好营救，无异于坐等火烧烟熏。

二、在火场无路可选时怎样避难

避难是在火灾现场无路可逃时躲避灾难的行为，其方式主要有以下两种。

1．利用避难间

在综合性多功能的大型建筑物里，一般都在经常使用的电梯、楼梯、公共厕所附近以及走廊末端设置避难间。火灾时，可将短时间无法疏散到地面的人员、行动不便利的人员以及在火灾期间不容中断工作的人员，如医护人员，广播、通信工作人员等，暂时疏散到避难间。

2．创造避难间

对于没有避难间的建筑物，或通路已被烟火封锁时，应创造避难间。如果房间中烟雾不大，就要关闭所有的门窗，并将靠近燃烧一侧的门窗顶死，然后用湿毛巾等将所有的孔洞堵死，最后向地面洒水降温，并淋湿房间中的一切可燃物。这样就创造了一个免于遇难的房间。

三、发生火灾应如何报警

如果发现火灾发生，最重要的是报警，这样才能及时扑救，控制火势，减轻火灾造成损失。同学们要学会如何报火警。

（1）火警电话号码是"119"。发现火灾，可以打电话直接报警。

（2）报火警时，要向消防部门讲清着火的单位或地点，讲清所处的区（县）、街道、胡同、门牌号码，还要讲清是什么物品着火，火势怎样。

（3）报警后，最好安排人员到附近的路口等候消防车，指引通往火场的道路。

（4）不能随意拨打火警电话，假报火警是扰乱社会公共秩序的违法行为。

（5）在没有电话的情况下，应大声呼喊或采取其他方法引起其他人员的注意，协助灭火或报警。

四、校园火灾的扑救方法

发生了火灾，同学们都应掌握逃生和火灾扑救的基本常识，在此强调，不提倡未成年学生参与扑救火灾。但对突然发生的比较轻微的火情，同学们也应掌握简便易行的、应付紧急情况的方法。

（1）水是最常用的灭火剂，木头、纸张、棉布等起火，可以直接用水扑灭。

（2）用土、沙子、浸湿的棉被或毛毯等迅速覆盖在起火处，可以有效地灭火。

（3）用扫帚、拖把等扑打，也能扑灭小火。

（4）油类、酒精等起火，不可用水去扑救，可用沙土或浸湿的棉被迅速覆盖。

（5）煤气起火，可用湿毛巾盖住火点，迅速切断气源。

（6）电器起火，不可用水扑救，也不可用潮湿的物品捂盖。正确的方法是首先切断电源，然后再灭火。

（7）同时还可以学习一些简易灭火器的使用方法。

反观自我

学完此课，了解了许多火场逃生的原则、要诀，想一想，自己如果遇到火灾应该怎么办？

 知识拓展

火灾中可致人死亡的原因

在日本政府的一份火灾死亡报告中说,火灾中致人死亡的原因,除少数特殊的情况外,主要有以下4种。

(1) 有毒气体(特别是一氧化碳)。火灾中,一般认为最有毒的气体是一氧化碳。在死者身上,虽然也能检查出氢氰酸以及其他有毒气体,但这些对导致死亡几乎没有直接影响。

(2) 缺氧。由于燃烧氧气被消耗,因而火灾中的烟有时呈低氧状态。由于吸入这种烟而造成缺氧,有时可致人死亡。

(3) 烧伤。由于火焰或热气流损伤大面积皮肤,引起各种并发症而致人死亡。

(4) 吸入热气。如果在火灾中受到火焰的直接烘烤,就会吸入高温的热气,导致气管炎症和肺水肿等而导致窒息死亡。

 学以致用

议一议,怎样做才能在火灾中逃生?

开篇寄语

　　汽车是现代重要的交通工具，人们在享受汽车带来的方便、快捷的同时，也不得不面对交通事故带来的困扰。车祸，现在已经成为人类第一杀手。在交通行车、行走过程中，骑自行车人、行人总是处于交通弱者的地位。在这些交通事故中，青少年占了很大的比重，交通事故是造成青少年意外伤害的最重要因素之一。

　　避免交通事故，维护交通安全，不仅是交通管理部门的事，青少年更应该自觉遵守交通法规，文明行车、行路，确保交通安全。

交通篇

——遵守交通规则　争做文明标兵

校园交通安全

跨入校园，好好学习；走出校门，好好走路。

应知导航

某中职学校一女生李某打着雨伞跑步回宿舍，途中经过一个十字路口时，一辆中巴车正好经过此路口，看到有人，中巴车司机急转方向盘，但车尾仍把李某撞飞，经过几十个小时的抢救，李某不治身亡。

知识探究

中职校园易发生交通事故的主要原因是，中职学校的学生与社会上人员的交往越来越频繁，使校园内人流量、车流量急剧增加。许多教师拥有私家轿车已不算稀奇，摩托车更是普遍，学生骑自行车的很多，开汽车上学也已不再是新闻了。而校园道路建设、校园交通管理滞后于学校的发展，道路比较狭窄，交叉路口没有信号灯管制，也没有专职交通管理人员管理；校园内人员居住集中，上、下课时容易形成人流高峰等原因，致使中职学校的交通环境日益复杂，交通事故经常发生。

校园内发生交通事故的主要原因是思想麻痹和安全意识淡薄。许多学生缺乏社会生活经验，交通安全意识比较淡薄，同时有的同学在思想上还存在校园内骑车和行走肯定比公路上安全的错误认识，这样在校园内发生交通事故就在所难免。

校园内发生交通事故的主要形式有以下几种。

（1）注意力不集中。表现为行人在走路时看书或听音乐，或者左顾右盼、心不在焉。

（2）在路上进行球类活动。中职学生精力旺盛、活泼好动，即使在路上行走也是蹦蹦

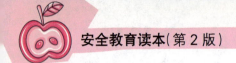

跳跳、嬉戏打闹，甚至有时还在路上进行球类运动，增加了事故发生的概率。

（3）骑"飞车"。许多中职学生购买了自行车，课间或下课时骑自行车在人海中穿行，是学校里的一道风景线。但部分学生把自行车骑得飞快，结果埋下了祸根。

大多数人都错误地认为校园内没有危险，学完此课，你认为是这样么？如果不是，应该怎样加强这方面的宣传、教育？

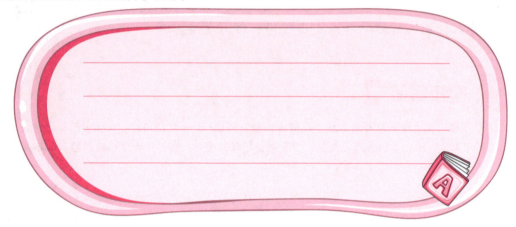

如何避免校园交通事故？

为了避免校园内的交通事故，中职生应注意以下问题。

（1）切莫错误地认为校内无危险，要树立交通安全观念，时时提高警惕。

（2）熟悉校内路线、地形，记住容易出事故的地段。

（3）走路留神，见到各种车辆提前避让，防止那些认为"校内可以不讲交通规则"的人意外肇事。

（4）骑车、驾车要慢速行驶，复杂地段要缓慢而行。

校园交通事故的主要形式有哪些？

第二课　交通事故

事故出于麻痹，安全来于警惕。

 应知导航

2012年8月26日凌晨，位于陕西省延安市安塞县境内的包茂高速安塞服务区附近发生一起特大交通事故，一辆满载旅客的双层卧铺客车与一辆运送甲醇的重型罐车发生追尾碰撞，随后燃起的大火导致客车上36人死亡，3人受伤。

 知识探究

一百多年来，全世界葬身于车轮之下的人数已达4 000万，超过了第二次世界大战期间的死亡人数，而且每年还在以40万人的速度递增。据卫生组织统计，全球每天约有14万人受到交通事故伤害，造成3 000人以上死亡，1.5万人残疾。据不完全统计，2006年，交通事故造成2 000万~5 000万人伤害，约500万人残疾，118万人死亡。因此，人们称交通事故是马路上的战争。

一、交通事故的含义

交通事故是道路交通事故的简称。道路交通事故是指车辆驾驶员、行人、乘车人以及其他在道路上进行与交通有关活动的人员，因违反《中华人民共和国道路交通管理条例》和其他道路交通管理法规、规章的行为（简称违章行为）过失造成人身伤亡或者财产损失的事故。

二、交通事故等级的划分

1. 轻微交通事故

轻微交通事故是指一次造成轻伤1~2人，或者财产损失机动车事故不足1 000元，非机动车事故损失不足200元的事故。

2. 一般交通事故

一般交通事故是指一次造成重伤 1 ~ 2 人，或者轻伤 3 人以上，或者财产损失不足 3 万元的事故。

3. 重大交通事故

重大交通事故是指一次造成死亡 1 ~ 2 人，或者重伤 3 人以上 10 人以下，或者财产损失 3 万元以上不足 6 万元的事故。

4. 特大交通事故

特大交通事故是指一次造成死亡 3 人以上，或者重伤 11 人以上，或者死亡 1 人同时重伤 8 人以上，或者死亡 2 人同时重伤 5 以上，或者财产损失达 6 万元以上的事故。

三、交通事故的特征

发生交通事故不分时间、不分地点，从交通事故发生的情况分析来看，交通事故有以下特征。

1. 交通事故具有突发性

无论对交通事故的一方、两方、多方，还是他们的亲属及工作单位来说，都是突发性的，毫无思想准备，特别是给亲属带来的突如其来的打击，危害极大。

2. 交通事故涉及面的广泛性

在交通事故中每死伤一人，一般都直接或间接地涉及和损害 5 ~ 6 个家庭。

3. 交通事故具有极强的社会性

用形象的话来说："你不撞别人，但别人可能撞到你。"无论什么人都存在着死伤于交通事故的可能性。

4. 交通事故险情具有频发性

据有关资料分析，在我国每个机动车驾驶员每天都要遇到许多险情，如果险情处理不当，都可能发生交通事故。

四、发生交通事故的一般原因

驾驶人员导致交通事故的原因很多，如超速行车、违章驾驶、行车中精力不集中等。另外，如车辆的技术性能不好、道路状况不良和缺少必要的道路安全措施、自然条件和其他意外情况的影响等都有可能成为交通事故的成因。

1. 驾驶人员的违章驾驶和精神不集中

驾驶人员的违章作业常常是造成交通事故的主要成因，如在不应该或不允许超车的地方强行超车，或超车不提前鸣笛，前车尚未示意让路就超车等。

行车过程中精神不集中也是造成交通事故的重要因素，如有驾驶人员因家庭、工作等不顺心而思虑，因受有某种刺激而过度兴奋或沮丧；在行车吸烟、吃东西与坐车的人谈笑或听收录机，有的因轻车熟路而麻痹大意等都能使驾驶人员精力分散，从而造成事故。

2. 酒精及药物对交通安全的影响

（1）血液中酒精浓度与驾驶能力的关系。酒精会使大脑高级神经紊乱，从而破坏人们正常的生理机能。所以酒后开车所造成的交通事故在世界各国都占有相当比重。我国交通规则中明确规定：严禁酒后开车。

（2）药物对驾驶能力的影响。有些药品，如巴比妥等催眠剂对中枢神经系统有直接作用，从而对人体产生各种效应，如困怠、思睡、昏迷等，以致影响驾驶能力。有的驾驶人员由于失眠深夜服用催眠药，早晨又要早起行车，药品的作用还未消失，致使行车途中精神不佳，犯困打盹，很容易造成行车事故。又如，有的驾驶人员因疾病或其他原因而服用一些对神经系统有麻醉作用的药品，也可产生如上述效果。

3. 车辆技术性不好

车辆的技术性能主要指车辆的结构、性能、强度等。经常出现故障的关键部位和系统主要有制动系统的转向系统。这些关键部位如出现故障常常会造成行车事故。

4. 道路状况不良或缺少道路安全措施

道路状况不良是导致交通事故的潜在因素。道路状况的优劣主要指道路的线形、曲线半径的大小、道路的坡度和路面宽度、路基和路面等。

道路的安全措施主要指交通标志、信号、路面标线、照明、安全岛、安全护栏、隔离栏栅等。在急弯、窄路、陡坡、交叉路口和铁路道口等应设置警告标志，在禁止超车处、禁止掉头处、禁止鸣笛处等应有相应的禁令标志。对于限重、限速、限高、限宽处也应有明确的限令标志。应有的交通标志和设施而没有或不全容易造成行车事故。

5. 自然条件和其他因素的影响

在风、雪、雾等恶劣气候条件下致使道路状况恶化、视线不良等容易造成交通事故。在遇到较为严重的自然灾害，如地震、积水、暴风雨等致使车辆失去控制则更容易造成行车事故。

另外，行人和骑自行车的人不遵守交通规则也是造成交通事故的重要因素。特别是在自行车交通占有绝对优势的情况下，更是不可忽略的成因。

在行车中的意外事故也是常有发生的，如聋哑人听不到鸣笛声而不知让路，精神不正常的人或疯傻人突然奔向车前等都能造成交通事故。

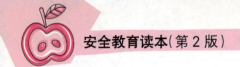

五、交通事故自救常识

如果你乘坐的汽车发生交通事故，一瞬间，抓住车内固定牢靠的物体趴下，或在座位上尽量低下头，使下巴紧贴前胸，并把双手后伸交叉抱住头部，以避免事故发生时，因猛烈撞击伤害自己的头部和颈部；若遇到翻车或坠车时，迅速蹲下身体，紧紧抓住前排座位的座脚，身体尽量固定在两排座位间，随车翻转。

如果你乘坐的轮船发生紧急情况时，要迅速奔向甲板，如果不得不离开船，一定要穿好救生衣。跳水时尽量选择较低的位置，并且避开水面上的漂浮物，从船的上风舷跳下，如果船左右倾斜，则应从船首或船尾跳下。如果你不会游泳，入水后，应双脚并拢屈到胸前，两肘紧贴身旁，交叉放在救生衣上，使头颈露出水面；如果是在海里，千万不能喝海水，同时尽量节约食物，保存体力。

发生任何一种交通事故，都有可能使你受伤，当你被汽车刮倒、撞倒后，千万不要乱动；如果有创伤出血发生，应立即用洁净的布、手绢或卫生纸等压住伤口包扎止血；如果有骨折，不要盲目移动；当行人、医务人员赶来时，要及时告知自己可能受伤的部位，以免在搬抬过程中使受伤部位再次错位。遇到救助人员，如果意识清醒的话，要首先告诉对方自己的姓名、所在学校、家长姓名、联系电话等。

无论你自我感觉多好，出了交通事故后，一定要及时到医院检查。有的青少年在交通事故中被碰伤了，主观上感觉问题不大，就不去医院了，这是不正确的。因为，一方面人的耐受力不同，有的人即使产生线状裂纹骨折也能坚持住，故认为问题不大；另一方面，事故中有些损伤，如脑血肿，一开始自我感觉反应不大，随着时间的推移，症状会逐渐严重，甚至会因脑疝而死亡。因此，在交通事故中受伤之后，应该及时去医院诊治，以免延误治疗的最佳时机。

反观自我

结合身边的案例，说说交通事故有哪些危害？

 知识拓展

如何识别交通标志

　　交通标志是用形状、文字、符号和颜色等，按照国家规定的标准制成指示牌，立于相关位置为机动车驾驶员和行人指示有关交通信息，旨在加强交通管理，确保交通安全。交通标志分为：指示标志、警告标志、禁令标志、指路标志、旅游区标志、道路施工标志和辅助标志等。交通标志属于安全色标之一，与颜色关系密切，因为交通标志中的颜色具有安全技术的含义，交通标志正是利用颜色的不同特征，表达禁止、警告、指令和提示等不同含义的安全信息。我国在制定交通标志时使用的安全色标准与国际上是一致的，交通标志以红、黄、蓝、绿四种颜色分别表达禁止、警告、指令和提示安全信息。具体情况见下表：

安全色的含义和用途

颜　色	含　义	用　途
红色	禁止	禁止标志、停止信号
	停止	紧急装置：机器、车辆上的紧急停止，手柄或按柄，禁止人们接触的部位
	表示防火	消防器材及其位置
蓝色（须与几何图形同时使用）	指令，必须遵守的规定	指令标志：交通中指引车辆、行人行进方向的指令
黄色	警告注意	警告标志 警戒标志：如危险范围的警戒线、车行道中心隔离线
绿色	提示安全状态通行	提示标志（为了与道路两旁绿色树木区分，交通上的提示标志用蓝色）行人和车辆通行标志安全防护设备及其位置

 学以致用

1. 什么是交通事故？它有哪些特征？
2. 交通事故的等级如何划分？

安全行走

道路通行见形象，红绿灯前看修养。

应知导航

2005年12月22日21时10分，俞某驾驶大客车行驶至某医院附近时，仲某由南向北自路边一辆大客车的车头处快速跑步横穿马路（距此处不远处的广场就有人行横道），俞某发现后采取紧急制动，但还是将仲某撞出去七八米远。仲某经医院抢救无效死亡。

知识探究

走路是基本的交通活动，也是中职学生每天"必修的基本功课"。从家中到学校，从校内到校外，其间的交通安全涉及中职学生的健康和千家万户的安宁与幸福。

行人交通事故预防的要点如下。

（1）行人上街要走人行道，不要走车行道，遵守车辆、行人各行其道的规定，借道通行时，应当让在其本道内行驶的车辆或行人优先通行。

（2）行人横过装有人行横道信号灯的人行横道时，必须遵守信号灯的规定：绿灯亮时，准许行人通过；绿灯闪烁时，不准行人进入人行横道，但已进入人行横道的，可以继续通行；红灯亮时，不准进入人行横道。

注意： 即使信号灯已经变成绿色，也应看清左右的车辆是否停稳，然后再穿越道路。

（3）横过街道和公路要走人行横道，不要斜穿或猛跑。

● 行人横过街道和公路时，应站立在路边，看清来往车辆后，选择离自己最近的人行横道通过。通过时，须先看左右方向是否有来车，确认来车距离远、无危险后才能通过。

● 行人横过道路时，不要突然改变行走路线，突然猛跑，突然往后退，以防来往车辆驾驶员措手不及，发生危险。

● 横过同方向有两条以上机动车道的道路时，要十分注意驶近或停下的车辆旁边是否还有车辆驶来，没有看清时不要冒险行走。

● 横过未设人行横道线的乡镇街道或公路时，要看清左右有无来车，千万不要奔跑，不要同来车抢道。

（4）设有人行过街天桥或地下通道的地方，行人过街要走人行天桥或地下通道，不要横穿街道和公路。

（5）列队横过车行道时，每横列不准超过两人，队列须从人行横道迅速通过，没有人行横道的，须直行通过；长列队伍在必要时，可以暂时中断通过，待车辆过去后，再继续通过。

（6）不要在道路上爬车、追车、强行拦车、抛物击车或在道路上躺卧、纳凉、玩耍、坐卧或进行其他妨碍交通的行为。

（7）禁止钻越、跨越、翻越、倚坐人行道与车行道间的护栏和隔离墩，更严禁对护栏、隔离墩及其他交通设施如信号灯、标志、标线等进行破坏。

（8）不要进入高速公路、高架道路或者有人行隔离设施的机动车专用道。

（9）学龄前儿童应当由成年人带领在道路上行走；高龄老人上街最好有人搀扶陪同。

 **反观自我**

学完此课，想一想，对于行人交通事故的预防要点，自己做到了哪些？还需要在哪方面加强注意？

知识拓展

行人穿越道线

你是否曾经有过这种经验？行经交叉路口时，面对来来往往的车子，不知道如何通过马路，好像整个路面都没有你走路的空间。

但是如果路面上画有一条条的白色线段平行延伸到马路的对面，只要你行走的方向是绿灯，你就可以快步通过，横向车道的车辆都会停止让你通行。而这白色的线段称为"行人穿越道线"。

"行人穿越道线"一般都划设于交叉路口，并衔接车道两旁的人行道，让行人穿越。由于每段白色实线互相平行，又称之为"枕木纹行人穿越道线"。

而在较长的路段中，为了便于行人穿越，也常划设平行内插斜纹线的穿越道，称之为"斑马纹行人穿越道线"，以区别于交叉路口的"枕木纹行人穿越道线"，提醒驾驶员应特别提高警觉，注意行人穿越。

学以致用

行人应怎样横穿城市街道或公路？

第四课　骑自行车的规范

道路千万条，安全第一条。

应知导航

2004年7月25日，外地一自卸大货车，装载土石方由新会三江镇往新会会城方向行驶。下午1时许，行至270省道新会线金牛头大桥路段处，在转弯往名冠工业园的过程中，与相向行驶的自行车发生猛烈碰撞，造成2名骑自行车青少年死亡。

知识探究

自行车轻便灵活，是外出理想的交通工具，从家中到学校，从校内到校外，很多同学都选择骑车这种交通方式。但是在城市交通事故中，绝大多数是机动车撞着骑车人，从而导致骑车人死亡。在交通行车中，同汽车、机动车相比较，骑自行车人总是处于交通弱者的地位，因此，骑车人更应自觉遵守交通法规，文明行车，确保交通安全。

一、骑自行车须注意要点

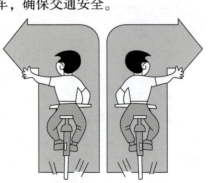

（1）学习、掌握基本的交通规则知识。

（2）要经常检修自行车，保持车况完好，车闸和车铃灵敏、正常。

（3）自行车的车型大小要合适，不要骑儿童玩具车上街，也不要人小骑大车。

（4）不要在马路上学骑自行车；未满12岁的儿童，不要骑自行车上街。

（5）骑自行车要在非机动车道上靠右侧行驶，不逆行；转弯时不抢行猛拐，要提前减慢速度，看清四周情况，以明确的手势示意后再转弯。

骑车人必须具有一定的体力、智力和骑车技术，还需要有一定的交通常识以及对各种事物的识别、分析和判断能力，才能安全使用车辆。根据医学、生理学和心理学资料分析表明，一个人的发育期通常要满十二三岁，才能初步达到上述最低要求。因此，交通规则从保障少年儿童的安全出发，规定12周岁以下儿童不准骑车。

二、非机动车交通事故预防要点

非机动车是指自行车、三轮车、畜力车、残疾人专用车。《中华人民共和国道路交通管理条例》规定："车辆、行人必须各行其道。"非机动车驾驶员应自觉遵守交通法规，文明行车、行路，确保交通安全，坚持做到"十要""十不要"，养成良好的骑车习惯。

1. 骑车"十要"

一要熟悉和遵守道路交通管理法规；

二要挂好车辆牌照，随身携带执照；

三要了解车辆性能，做到车辆的车闸、车铃等齐全有效；

四要在规定的非机动车道内骑车；

五要依次行驶，按规定让行；

六要集中精神，谨慎骑车；

七要在转弯前减速慢行，向后瞭望，伸手示意；

八要按规定停放车辆；

九要听从民警指挥，服从管理；

十要掌握不同天气的骑车特点。

2. 骑车"十不要"

一不要闯红灯，或推行、绕行闯越红灯；

二不要在禁行道路、路段或机动车道内骑车；

三不要在人行道上骑车；

四不要在大中城市市区骑自行车带人；

五不要双手离把、攀扶其他车辆或手中持物；

六不要牵引车辆或被其他车辆牵引；

七不要扶身并行、互相追逐或曲折竞驶；

八不要擅自在非机动车上安装发动机；

九不要争道抢行，急转弯；

十不要酒醉后骑车。

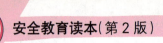

看下面这幅漫画，谈一谈你是怎么理解的？

知识拓展

弯道之骑乘方法

转弯时骑乘速度一定要放慢。为什么呢？跟洗衣机以离心力把水分脱离掉的原理一样，转弯就是依靠离心力的作用把身体拉向外边。转弯半径越小，或速度越快其力量越强，所以，骑车人应注意减速至正常转弯为妥。

（1）转弯前开始减速。转弯前充分减速，减至不以离心力拉向外边为止。

（2）倾斜角顺着弯度。转弯时，车则需配合车身和人的身体作倾斜转弯。倾斜角度太大时，轮胎会滑动，有摔倒的危险。

（3）弯道中煞车是很危险的。

 学以致用

1. 说说日常生活中，骑车人的哪些行为违反了交通法规，说说它们都有什么危害？
2. 说说在恶劣天气下骑车应该注意哪些问题？

第五课　乘坐交通工具安全

路好车好安全最好，慢行快行平安就行。

 应知导航

广东 206 国道曾发生一起离奇的交通事故。当日晚 19 时许，江西某汽运集团的一辆长途大客车，载 26 名乘客由江西宁都开往广东饶平县。行至 206 国道兴宁市下堡镇地段，当加速超车时，突然后排的乘客惊叫起来，全车人回头一看，只见一女子的头颅不见了，仅留下一具无头身体躺卧在床位上。惊恐无比的司机与众乘客急忙往回搜寻，终于在一坡路上发现该女子掉下的头颅。原来，当司机在坡路上为超车而加速时，死者正好因晕车而将头伸出车外呕吐，因此被路边"向右急转弯危险"的立柱交通标志牌迅速割掉头颅。

 **知识探究**

一、乘坐机动车的安全

随着现代城市的发展，机动车的数量也越来越多，安全事故的阴影伴随着人们。如果自己没有机动车，那么外出就需要乘坐公交车、出租车等交通工具。作为乘车人，特别是我们青少年学生，如果不注意自己的不安全行为，也会给他人带来不便，甚至危及自己或他人的安全。

（1）乘坐机动车时，要依次候车，待车停稳，先下后上；不要在不准停车的地方等候及拦车，不准在行车道上或道路中间招呼汽车，招呼出租车；不准携带易燃、易爆等危险品乘车；在机动车行驶中，不准站立，头、手不准伸出窗外和跳车，手应抓牢车上固定的物体或安全带；不得向车外吐痰、抛洒物品等，不得有影响驾驶员安全驾驶的行为。

（2）公交车到站时，有很多人为了在车上抢到好的位置或是赶着下车去办急事，都会争先恐后，这样很容易造成对自己或他人的伤害。所以上下公交车时应等车靠站停稳，先让车上的乘客下完车，再按次序上车。下车时，要依次而行，不要硬推硬挤。

（3）乘坐客车或出租车时，必须在车辆停稳后开右侧车门下车，如果需要开左侧车门，应观察确认安全时，再开车门下车，以防后面来车超车而发生危险。

（4）下车后应随即走上人行道。需要通过车行道的，应从人行道线内通过；千万不能在有车行驶的车行道上急穿，这样很不安全。

（5）乘车过程中也要具备安全意识。因为在乘车中，由于头、手或脚伸出车外而造成人身伤残、死亡的交通事故很多。乘车安全的基本要求是乘车时不准将头、手或脚伸出车外。

（6）乘坐长途汽车时，在上车前就留心观察汽车的安全状况，如果发现车况太差，就不要乘坐。尤其是途中有高速路段的，更要注意选择性能优越的定点班车。

（7）如果在乘车途中发现司机超速超载、违章操作，或旅客携带违禁物品时，应予以干涉和制止，这是保护自己和他人的权益。如制止无效，可要求换车，或拨打"110"、"122"报警。

（8）小组或班集体外出活动，要有老师带队，并与交通管理部门取得联系。选择取得驾驶员资格的驾驶员和质量优良的客运车。发现驾驶员无驾驶证或饮酒、过度疲劳等妨碍安全行车的现象，应拒绝乘坐该车。不准集体乘货车出游，不乘坐超载车。

（9）乘坐二轮、侧三轮摩托车必须年满12周岁，并戴好头盔，将自己的头部保护起来，双脚应始终放在脚垫上，不得离开，不得脚着地，扶牢把手或腰带，不得侧身斜坐，始终保持骑坐姿势，停车时也应保持骑坐姿势，身体应尽量贴近驾驶员，转弯时要和驾驶员保持一个重心，避免谈话和不必要的动作。轻便摩托车不得载人。

二、乘火车的安全

除乘汽车外，火车也是人们出远门时首选的交通工具，又经济实惠，又方便。我们青少年学生掌握一些乘火车的安全知识是很有必要的。

（1）站台候车时的安全。在站台候车时，必须站在一米线以外，以免不小心掉下站台或被通过的火车擦伤，或直接撞伤。而火车的惯性特别大，发生事故时不容易立即停止，容易导致严重后果。

（2）上车时必须在列车员和站台组织人员的安排下，排队有序上车，不要拥挤上车，以免挤伤，或拥挤掉下站台摔伤。

（3）上车前应该接受安全检查。这是为了避免乘客携带易燃、易爆及有毒物品上车。万一爆炸品及其他危险品被携带上车，火车高速行驶时，会使这些物品震荡、摩擦，从而导致发生爆炸、燃烧等重大事故。同时，国家对旅客携带的具有危险性的生活用品也有严格规定，如铁道部门规定对旅客每人次最大携带量的规定为气体或液体打火机5个，安全火柴20小盒，指甲油、定发水、染发水20毫升，酒精、冷烫液100毫升。

（4）尽管车站安检工作很细，还是难免有疏漏的地方。如果发现车上有可疑的易燃、易爆、有毒物品，不要轻易用手去触摸，要远离它，并及时向乘警报告。

（5）不要在车厢里吸烟，这样会影响其他旅客的健康。如果将烟头乱扔还可能引起火灾，而火车速度快，火势不易控制，会造成重大伤亡事故。

（6）火车发生事故的可能性很小，但是一旦发生，后果不堪设想。火车出事前通常没有什么迹象，不过旅客能够感觉得到紧急刹车的现象，这时应该用短短几分钟或几秒钟的时间，使自己的身体处于较为安全的姿势离开门窗或爬下来，抓住牢固物体，以防被撞伤或被抛出车外；身体紧靠在牢固物体上，下巴紧贴胸前，以防头部受伤；如果座位不靠门窗，则应留在原位，保持不动，若接近门窗，就应尽快离开。

（7）如果碰到火车出轨时，不要尝试跳车，否则身体会以全部的冲力撞向路轨，还可能发生其他危险，如碰到通电流的路轨、飞脱的零件，或掉到火车蓄电池破裂而流出的残液上。

（8）火车停下后，应看清周围环境如何，如果环境允许，应在原地等待救援人员的到来。

三、乘船安全的注意要点

我国水域辽阔，人们外出旅行时，会有很多乘船的机会，船在水中航行，会遇到风浪等危险。在我国南方的不少地区，很多同学在上学的时候也经常要乘船，因此，乘船安全需要引起这些同学以及所有乘船者的足够重视。

（1）不乘坐无证船只。

（2）不乘坐超载的船只。

（3）上、下船要排队按次序进行，不得拥挤、争抢。

（4）天气恶劣时，应尽量避免乘船。

（5）不在船头或甲板等位置打闹、追逐，以防落水。不拥挤在船的一侧，以防船体倾斜，发生事故。

（6）船上的许多设备都与保证安全有关，不要乱动，以免影响正常航行。

（7）夜间航行，不要用手电筒向水面、岸边乱照，以免引起误会或使驾驶员产生错觉而发生危险。

反观自我

乘坐交通工具大大方便了我们的出行，想一想，平时我们乘坐交通工具时，是否注意了乘坐的要点？

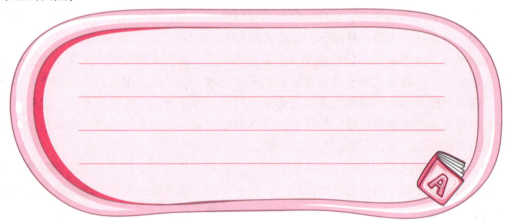

安全带正确使用须知

国内一项调查资料显示,在交通事故中,驾驶员及前座乘客"系妥安全带"与"未系安全带"之伤亡比率为1∶7,此一数据充分证明了系用安全带的重要性。可是,如果没有正确地系安全带,也等于没有系。所以,要特别注意安全带的正确使用方法。

(1)肩带需绕过肩部,并越过胸前,不可绕过臂膀下方,否则安全带无法发挥应有的功能。

(2)检查安全带是否有扭绞或破损现象。

(3)按正确使用方法系妥安全带后,再以身体往上急冲之动作确认安全带的功能是否正常。用手或身体平行缓慢地拉动安全带,并不能有效地测试安全带的功能。

(4)不是只有在高速公路上行驶时才应系安全带,为了自我的安全,最好一上车即系妥;尤其是在快速道路或郊区等处行车,更应该系好安全带。

(5)设有安全气囊装置的车辆,驾驶员务必要系安全带。

(6)乘坐二轮摩托车必须戴安全头盔;乘坐摩托车的不准打伞,不准侧坐,不准站立。

1. 说一说,乘车时应该注意哪些问题?

2. 如果车厢内发生意外事故需要紧急疏散,你应该采取什么办法离开现场?

安全，是家庭幸福的保障。学生大部分时间是在家中度过，家庭的安全是孩子平安、健康成长的重要保证。"我的家真是足够安全吗？"越来越多的家庭表示了这样的担心。用电、饮食、诈骗都有可能引发危机，发生惨剧的事情也是不断地充斥在各大媒体的版面上。因此，我们应该掌握基本的家庭安全常识，杜绝事故伤害。

家庭篇

——温馨和睦家庭 杜绝事故伤害

警惕电器杀手

珍惜你我生命，注意用电安全。

应知导航

某晚，赵先生到父母住处看望老人。进屋后发现 70 岁的父亲和 69 岁的母亲双双倒在卫生间身亡。进入现场勘查，赵母右手指有电击痕迹。分析认为，赵母在洗澡时遭到电击，赵父闻讯赶来搭救，由于不了解用电知识，不幸触电身亡。

知识探究

一、日常安全用电须知

电是现代社会不可缺少的动力来源，文明生活离不开电力。但另一方面，电的使用又有其两面性：使用得当，电能给我们带来很大的益处；使用不当，则会造成很大的危害。因此，掌握安全用电的基本知识，对我们来说非常重要。

（1）不要用湿手或赤脚接触开关、插座和各种电器电源接口，更不要用湿布抹电器设备。

（2）移动电器设备时必须切断电源。

（3）每件电器单独用一个插座，不要若干电器共用一个多用插座，以免互相影响，产生危害。

（4）发现电器冒烟或闻到异味时，一定要迅速切断电源，进行仔细检查。

（5）电器使用完毕，要及时切断电源。雷雨天最好不要使用电器，并且拔掉各种电源插座。

（6）发现电线破损时，要及时更换或用绝缘胶布扎好。

（7）在使用家电产品时，应该先阅读使用说明书，尤其要读懂注意事项，弄清所有按钮的用处及具体操作程序后，再接通电源。

（8）在使用电熨斗一类的电器时最好不要离开，以免引起火灾。

（9）严禁私自开启公共变、配电室和居民楼内开关电箱，以免发生事故。

（10）在户外如发现电线断线、落地线，不要靠近，并应就近及时报告电力部门处理。

二、触电后如何急救

发现有人触电后，切不可盲目救助伤员，如果伤员得不到正确的救治，可能会导致更为严重的后果。因此，我们有必要了解一些紧急救护知识。

（1）发现有人触电后立即切断电源，或用不导电物质（如干燥的木棒、竹竿等）使伤员尽快脱离电源。

（2）检查伤员是否有呼吸和心跳。

（3）当发现伤员还有呼吸和心跳时，还要检查伤员有无其他损伤，如有外伤、灼伤，均须同时处理。

（4）在现场抢救过程中，不要随意移动伤员。

（5）在移动伤员或将其送往医院的过程中，应继续抢救。

反观自我

用电不当非常危险，在日常生活中，应该怎样注意用电安全？

知识拓展

识别安全用电标志

（1）红色：用来标志禁止、停止和消防，如信号灯、信号旗以及机器上的紧急停机按钮等。

（2）黄色：用来标志注意危险，如"当心触电""注意安全"等。

（3）绿色：用来标志安全，如"在此工作""已接地"等。

（4）蓝色：用来标志强制执行，如"必须戴安全帽"等。

（5）黑色：用来标志图像、文字符号和警告标志，是一种几何图形。

学以致用

1. 如果发现附近有电线掉落，你该怎么办？

2. 如果发现有人触电倒地，就马上将他扶起，这种做法对吗？为什么？

3. 在日常生活中，你应该怎样使用电器？

注意饮食安全

寒从脚下起，病从口中入。

北京 52 中学某同学在家帮母亲做饭，把扁豆择完已快到吃晚饭的时间了，因此，她把扁豆放在锅里匆匆炒了炒，放了点油盐就出锅了。饭后 10 时许，全家人呕吐不止，经过抢救，中毒的全家人得以脱险康复。又经一天的紧急化验，中毒事件才真相大白。原来是扁豆角在加工制作过程中，由于时间短，扁豆产生的氢氰酸等剧毒物质未来得及分解，而使人中毒。

一、食物中毒的含义和种类

吃了被细菌污染或含有毒素的食物而发生的疾病叫做食物中毒。食物中毒按其原因可分为细菌性食物中毒、有毒动/植物食物中毒和化学性食物中毒三类。

1. 细菌性食物中毒

细菌性食物中毒多发生在夏秋季。因为食物没有烧熟煮透，或放置时间过长，或操作中不注意卫生，被细菌或其毒素污染而引起。

这些细菌大多为致病能力很强的病菌，包括嗜盐菌、致病大肠杆菌、沙门氏菌、葡萄球菌和肉毒杆菌等。它们或是在大肠里大量繁殖引起急性感染，或是在食物中释放毒素，被肠道吸收后引起中毒反应。

2. 有毒动、植物食物中毒

多因误食本身含毒素的河豚、发芽的马铃薯、生扁豆、腐烂的甘薯、有毒的蕈及蘑菇等食物，或因烹调处理不当，加热处理不够而引起。

3. 化学性食物中毒

化学性食物中毒是指食入了被农药（含砷、有机磷、有机氯）或有色金属化合物和亚硝酸盐等污染的食品而引起的中毒。家庭中常见的杀虫剂，一旦使用不慎就容易造成化学性食物中毒。

这些杀虫剂是有毒的，使用时尤其要注意喷口，勿对人和食品。

二、如何防止食物中毒

（1）注意个人卫生，饭前便后要洗手。在吃饭前应把手洗净，尤其是上过洗手间或抚摸过不干净的物品（如钱币、宠物）之后。当手上有伤口与食品接触时，最好用绷带包扎或戴上密封手套。

（2）生吃瓜果蔬菜，要洗净消毒。

（3）不喝生水，不吃腐败变质的食物。

（4）大力消灭苍蝇、蟑螂等有害昆虫。

（5）购买食品时，看清楚所购买的食品（特别是一些熟食制品）是否在保质期内，防护是否符合卫生要求，是否按特定的储存要求存放。

（6）自己加工食品时要煮熟，而且加热时要保证食品的所有部分的温度至少达到70℃。

（7）在外用餐时，要选择干净的就餐环境，不要到一些没有卫生许可证的小摊点吃东西。

（8）不要食用来路不明的食物。

三、发生食物中毒后的急救措施

1. 催吐

如果食物吃下去的时间在一两个小时之内，可采取催吐的方法。

（1）取食盐20克，加开水200毫升，冷却后一次喝下。如不吐，可多喝几次，以促进呕吐。

（2）用鲜生姜100克捣碎取汁，用200毫升温水冲服。

（3）如果吃下去的是变质的荤食品，可服用"十滴水"（一种药水）来促进呕吐。

（4）可用筷子、手指等刺激咽喉，引发呕吐。

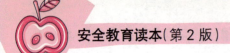

2. 导泻

如果吃下食物的时间超过两个小时，且精神尚好，则可服用一些泻药，促使中毒食物尽快排出体外。

3. 解毒

（1）如果是吃了变质的鱼、虾、蟹等引起的食物中毒，可取食醋100毫升，加水200毫升，稀释后一次服下。

（2）若是误食了变质的饮料或防腐剂，最好的急救方法是饮用鲜牛奶或其他含蛋白质饮料。

在日常生活中，你是怎样预防食物中毒的？把你的窍门和同学们交流一下。

蔬菜也含毒，重在细烹调

- 因加热处理不够而能引起食物中毒的，常见的蔬菜有黄花菜（也叫金针菜）。市场上卖的多是处理过的，已无毒，但鲜黄花菜却含有有毒的秋水仙素。吃鲜黄花菜时，必须用开水煮而且煮后用冷水漂洗两次才能吃。

- 土豆本来无毒，是一种营养价值很高的蔬菜。但土豆在发芽后，也会产生出许多有毒性的龙葵素，在芽的附近最多。芽被掰掉，但芽眼附近的毒素并没除尽。如果用这样的土豆做菜，也会发生食物中毒。

- 西红柿未成熟时也含有龙葵素，也不能吃。

- 鱼胆毒性极大，中毒后死亡率极高。杀鱼时小心不要弄破鱼胆。

学以致用

1. 什么是食物中毒？
2. 发生食物中毒后应该采取什么措施？

第三课　家务劳动防伤害

关注安全，关爱生命，关爱家庭，关爱幸福。

应知导航

甜甜是个很懂事的孩子，每天放学后总要帮爸爸妈妈做些家务。一天，爸爸做饭，甜甜就帮着打下手，一会儿拿碗拿筷，一会儿又端菜端饭。汤做好了，甜甜双手端着汤，从厨房往外走。没想到脚下一滑，一个趔趄，滚烫的汤撒在了手上，疼得她直跺脚，眼泪都出来了。爸爸一把将甜甜拉到水池前，打开水龙头，让凉凉的水，慢慢地流到甜甜的手上。等她觉得不疼了，爸爸又找来一件干净的软软的衣服盖在了她的手上，父女俩急忙去了医院。

知识探究

日常生活中，帮助父母干家务活是好事，但是干家务活不当也会出现一些小意外，例如，被刀割破手指、被热油溅伤、烫伤等偶发事件，因此，做家务劳动也应该小心谨慎，防止意外伤害。

一、厨房劳动，防止烧烫伤

不经意间被沸水、滚粥、热油、蒸汽等烧烫是生活中常见的。

（1）有时学习做饭炒菜，但炒菜时油加热后温度很高，要特别注意，当油温升高后，不可让水滴进去，油星飞溅，弄不好就会烫伤脸。

（2）使用高压锅前，一定要先检查气阀是否畅通，往锅里添水不要超过规定的界限，发现高压气阀不畅时，应立即关火，防止高压锅里滚烫的汤水喷溅烫伤。

（3）去厨房打开水、端热汤、滚粥时，应小心谨慎，防止被热蒸汽、沸水、滚粥烫伤。

如果开水浇在裸露的皮肤上，皮肤会被烫红肿，甚至会出现一个个水泡。

（4）用壶烧水，水开后不要打开壶盖，而要先关火，否则壶中蒸汽冒出来很容易导致烫伤。

二、发生烧烫伤怎么办

做家务时的烧烫伤如表现为皮肤红肿、灼热、疼痛，没有水泡，不留瘢痕者，称为一度烧伤；皮肤出现水疱，局部红肿，疼痛剧烈为二度烧伤，治疗及时一般不会留下大的瘢痕。

（1）对只有轻微红肿的轻度烫伤，立即用凉水把伤处冲洗干净，然后将伤处用凉水浸泡半小时。一般来说，浸泡时间越早，水温越低（不能低于5℃，以免冻伤），效果越好，然后再涂些清凉油。

（2）烫伤部位已经起小水泡的烫伤，不要弄破小水泡且不可浸泡，以防感染，可以在水泡周围涂擦酒精，用干净的纱布包扎。

（3）烫伤比较严重的，应当及时送医院进行诊治，防止烫伤部位感染化脓。

（4）烫伤面积较大的，应尽快脱去衣裤、鞋袜，但不能强行撕脱，必要时应将衣物剪开；烫伤后，要特别注意烫伤部位的清洁，不能随意涂擦外用药品或代用品，防止受到感染，给医治增加困难。正确的方法是脱去患者的衣物后，用洁净的毛巾或床单进行包裹。

 反观自我

回想在家帮爸爸妈妈做家务时，是否被烫伤或划伤到，当时是怎么处理的?

知识拓展

轻度烫伤治疗小妙方

- 小面积的轻度烫伤，早期未形成水泡时，有红热刺痛者，可用淡盐水轻轻涂于灼伤处，可以消炎。
- 在受伤处，擦上猪油、狗油或蜂蜜、清凉油等，能起到消肿、止痛作用。
- 用鸡蛋清、熟蜂蜜或香油，混合调匀涂敷在受伤处，或用消毒的凡士林纱布敷盖，也能消炎止痛。
- 家里若有金霉素眼药膏，可涂在伤处，数分钟后亦可以消肿止痛。
- 发生小面积烫伤时，立刻涂点牙膏，不仅止痛，且能抑制起水泡。已起的水泡也会自行消退，不易感染。
- 二度烫伤处理应注意预防感染，并服止痛片减轻疼痛。请注意，不要把水泡搞破了，让它自然破，以免感染病菌。

学以致用

说一说，如果在家务劳动中发生了烧烫伤，你应该怎么做？

第四课

守住家门，防止受骗

我不伤害别人，也不伤害自己，更不被别人伤害。

应知导航

有一名男子仅凭一身"中国电信"工作服就轻易地骗开了一户人家的大门，这户人家家里只有一个13岁少年，这名男子进门后就将少年打晕，盗走家里贵重物品和几千元的现金。警方调查时少年描述，男子借口是来检查电话线路的，少年就轻易地将屋门打开让其进来，结果给家里造成了很大的经济损失。

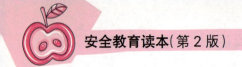 知识探究

在城市里，一些犯罪分子频频把魔爪伸向居民住宅、单位和商铺，进行入室盗窃和抢劫。犯罪分子经常是"乘虚而入"，选择容易下手、难被人发现的地方入屋盗窃作案，特别是家里没有大人时，更是他们作案的最好时机。一天之中有两段时间是他们作案的"黄金时段"：凌晨三四点钟和白天上班时间。因此，家中无大人时，我们更要守紧家门。

一、犯罪分子入屋作案的主要手段

黑招一：水渠煤气管道当云梯

现在城市许多住宅的水渠、煤气管装在户外，而且紧贴阳台、窗户安装，犯罪分子极易借助水渠、煤气管攀登入室作案。

> 广州天河区公安分局曾破获一起高层住宅入室盗窃系列案，抓获窃贼欧阳连任。这位窃贼并非身怀绝技，只是利用安装在户外的煤气管攀爬入室，最高爬至 21 楼。他两个月内在黄埔大道西的红棉阁等高层住宅作案 70 多宗，盗得 10 多万元的财物。

黑招二：攀爬防盗网如履平地

据调查，绝大部分后半夜发生的盗窃案件有两种形式：一是撬开防盗网入室行窃；二是利用防盗网爬上去，钻入高层的住户作案。不规范的安装，让防盗网不防盗反而"助"盗。

黑招三：花言巧语骗你开门

在很多城市，发现歹徒窜至居民住宅楼，将安装在屋外的电闸拉掉，然后歹徒伪装成水电修理工，混入室内进行诈骗等活动。

黑招四：尾随抢劫

入屋盗窃团伙，尾随放学回家的学生入楼，当放学回家的学生用钥匙开门时，这伙人用凶器相逼，强行进入屋里进行抢劫活动。

二、独自在家防受骗的办法

现代社会，孩子独自在家的时候越来越多。目前，社会上的犯罪分子常常利用孩子独自在家，反抗力量小，又缺乏社会经验而进行犯罪活动。所以，要教育学生格外小心，面对素不相识的陌生人以各种理由和名义要求进入室内的，应采取以及办法。

（1）一个人在家，要锁好院门、房门、防盗门等。当有人敲门时，一定要问明来意，对不熟悉或不认识的人，千万不要开门。例如，陌生人以修理工、推销员等身份要求开门时，可以大声地告诉门外的人，说明家里不需要，请其走开或者寻找一些借口，请其不要打扰。

（2）如果陌生人欲强行闯入时，千万不要害怕和慌乱，应立即到窗口、阳台等处高声喊叫或者佯装打电话吓跑陌生人。正确使用报警电话"110"。

（3）养成进出家门随手关门的习惯，一人独处空屋时要关好门窗。

 反观自我

在日常生活中，你有没有遇到过陌生人上门行骗的事情？把你对付骗子的技巧和同学们交流一下。

 知识拓展

家庭防盗知识谈

（1）家中不要存放大量现金，一时用不着的钱款应存入银行，存折、信用卡不要与身份证、工作证、户口簿放在一起。

（2）股票、债券、金银首饰切忌存放在抽屉、柜橱等引人注意的地方。

（3）电视机、录像机、照相机等高档商品应将明显标志及出厂号码等详细登记备查。

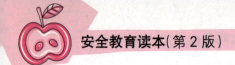
(4) 钥匙要随身携带，不要乱扔乱放，丢失钥匙要及时更换门锁。

(5) 学龄前儿童不能带钥匙，更不能将钥匙挂在脖子上。

(6) 离家前要将门窗关好，上好保险锁。

(7) 交朋友要慎重，家庭成员特别是青少年不可随便将生人带到家中。

(8) 雇佣保姆要找较可靠的人，要查验其身份证，并到派出所申报暂住户口。

(9) 对保姆要进行安全教育，主人不在家时不要让陌生人入室。

学以致用

父母不在家的时候有陌生人称是你父母的朋友来帮忙取东西并说出了你父母的名字，你应该给他开门吗？

开篇寄语

　　古训云："出门观天色，进门看眼色。""病从口入，祸从口出。"旅行中有关安全防范的内容虽然很多，归纳起来不外乎"衣、食、住、行"四项内容。因此，外出旅行应该根据当时季节和当地气候条件及沿途各地的环境，带合适和实用的衣服用品。每天看天气预报，了解气候变化，及时调整计划，防患于未然。

运动与旅游篇

——美好休闲时光　注意人身安全

体育锻炼莫伤身

物质是生命的基础，运动是健康的源泉。

应知导航

某中职学校体育课上，同学们进行双杠训练。学生叶某认为双杠支撑前摆下这个动作很简单，不用同学保护，结果在后摆时双手脱杠，头部着地，当场摔掉了两颗门牙，险些酿成大祸。

知识探究

体育锻炼能够帮助同学们增强体质，可是在体育活动中也存在很多威胁我们生命安全的陷阱。近年来，学校体育活动中出现伤害事故呈上升趋势。应该如何减少或者避免体育活动中伤害事故的发生也日益成为中职学校学生颇为关注的问题。

一、在操场上运动如何自护

在操场上，可以进行多种运动项目的体育锻炼，遵守相应的运动规则是运动安全的重要保证。

（1）做全身准备活动，以防肌肉拉伤、扭伤。

（2）短跑等项目要在规定的跑道进行。

（3）跳远时，必须严格按老师的指导助跑、起跳。

（4）在进行投掷训练时（如投手榴弹、铅球、铁饼、标枪等），一定要按老师的口令进行。

（5）在进行单、双杠和跳高训练时，器械下面必须准备好厚度符合要求的垫子。

（6）在进行跳马、跳箱等跨越训练时，器械前要有跳板，器械后要有保护垫，同时要有老师和同学在器械旁站立保护。

（7）做前后滚翻、俯卧撑、仰卧起坐等垫上运动项目时，要严肃认真，不能打闹，以免发生扭伤。

（8）参加篮球、足球等项目的训练时，要学会保护自己，不要在争抢中蛮干而伤及自己或他人。

二、体育课着装须知

体育课大多是全身运动，运动量大，而且使用很多体育器材，为了安全，对上体育课的衣着有一定的要求。

（1）衣服要宽松合体，最好不穿纽扣多、拉锁多或者有金属饰物的服装。有条件的应该穿运动服。

（2）上衣、裤子口袋里不要装钥匙、小刀等坚硬、锋利的物品。

（3）不要佩戴各种金属的或玻璃的装饰物，头上不要戴各种发卡。

（4）尽量不要戴框架眼镜。

（5）不要穿塑料底的鞋或皮鞋，应当穿球鞋或一般胶底布鞋。

三、运动会安全注意事项

由于运动会竞争项目多、持续时间长、运动强度大、参加人数多，因此，安全问题非常重要。在运动会中需要遵守以下几点要求。

（1）要遵守赛场纪律，服从调度指挥。

（2）参加比赛前做好准备活动，以使身体适应比赛。

（3）在临赛前，要注意身体保暖。

（4）临赛前不可吃得过饱或者饮水过多。

（5）要在指定的地点观看比赛。

（6）比赛结束后，不要立即停下来休息。

反观自我

小明为了显示自己的勇敢，跳马时不用别人的保护，你认为他的做法对吗？

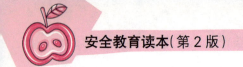

 **知识拓展**

运动后忌冷饮

运动使身体出汗，身体缺水时需要补充水分，有些人为了痛快，便大量饮用冷饮，以为这样解渴。其实这样做是不对的，而且有伤身体。

人在运动时产生的热量使胃肠道表面的温度急剧上升，有时可高达40℃左右。如果这时大量食用冷饮，胃肠道血管便会在强冷的刺激下收缩，减少腺体分泌量，导致消化不良，有的可能引起肠胃痉挛、腹痛，严重者可能形成溃疡、胆囊炎等疾病。

运动时产生巨大的热量使口腔温度也达39℃，牙周、咽部组织处于充血状态，冷饮刺激可能会造成局部机能紊乱，形成牙酸、牙痛，或形成口腔疾病。

所以，运动后应忌冷饮，食用温饮，这样才既解渴又有利于身体健康。

 **学以致用**

体育活动中都存在哪些安全隐患？应该如何避免这些伤害？

 第二课　　　游泳安全

被水淹死的大部分是会游泳的，出事故的都是自认为不会出错的人。

应知导航

有一天，16岁的黄某一时兴起，与同学刘某相约到当地水库游泳。16岁的刘某是个"旱鸭子"，不会游泳，黄某虽然知道这个情况，但是他仍然将刘某连拖带拽地带到深水区游泳。当他们游至深水区时，黄某因为体力不支，便挣脱刘某，自己游向岸边。刘某在深水区挣扎一会儿后便沉入水底，溺水身亡。

一、避免发生危险

游泳过程中存在着许多的危险。为了保证游泳安全，应该做到以下几点防护措施。

（1）游泳前需要经过体格检查。患有心脏病、高血压、肺结核、中耳炎、皮肤病、严重沙眼以及各种传染病的中职生不宜游泳。处在月经期的女同学也不宜去游泳。

（2）要慎重选择游泳场所，不要到江河湖海中去游泳，也不能到有血吸虫、污染和杂草丛生的水中去游泳，而应在游泳池里游泳。初学游泳者最好有会游泳的人陪伴。

（3）游泳前做一些准备活动，如伸展四肢、活动关节等，同时用少量冷水冲洗一下躯干和四肢，这样可以使身体尽快适应水温，避免出现头晕、心慌、抽筋等现象。

（4）饱食或者饥饿时，剧烈运动和繁重劳动以后都不要游泳。刚刚从事完一项运动，要等汗消后才能游泳。

（5）水下情况不明时不要跳水。

（6）严格遵守游泳池的规则，不要潜水。

二、游泳时抽筋的处理办法

在游泳时发生抽筋是很普遍的。抽筋也就是肌肉强直性的收缩，往往是因过度疲劳、游泳过久或突然受冷水刺激造成的。当发生抽筋时，千万不要慌张，应立即上岸擦干身体。如果在深水处或腿部抽筋剧烈，无法游回岸上，应沉着镇静，呼人援救，或自己漂浮在水面上，控制抽筋部位。经过休息，抽筋肌肉会自行缓解，然后立即上岸休息。

抽筋的处理方法，通常根据产生的部位分别进行处理。

（1）手指抽筋。将手握成拳头，然后用力张开，张开后，又迅速握拳。如此反复数次，至解脱为止。

（2）手掌抽筋。用另一手掌将抽筋手掌用力压向背侧并作振颤动作。

（3）手臂抽筋。将手握成拳头并尽量曲肘，然后再用力伸开。如此反复数次。

（4）小腿或脚趾抽筋。用抽筋小腿对侧的手握住抽筋腿的脚趾用力向上拉。同时用同侧的手掌压在抽筋小腿的膝盖上，帮助小腿伸直。

（5）大腿抽筋。弯曲抽筋的大腿与身体呈直角并弯曲膝关节，然后用两手抱着小腿，用力使它贴在大腿上并做振颤动作，随即向前伸直。

（6）腹直肌抽筋。腹直肌抽筋即腹部（胃部）处抽筋，可弯曲下肢靠近腹部，用手抱膝，随即向前伸直。

三、溺水时怎样救护

溺水是由于大量的水经口鼻进入肺内，或冷水刺激使喉头痉挛而出现窒息和缺氧的急症。溺水者若不及时抢救，常发生呼吸、心跳停止，5～6分钟就可危及生命。发现有人溺水，必须及时救助。

根据落水时间长短，溺水可分为3种程度。

（1）轻度。落水瞬间淹溺，仅吸入或吞入少量的水，引起剧烈呛咳，此时患者神志是清醒的，血压升高，心跳加快。

（2）中度。溺水后1～2分钟，由于呼吸道吸入水分而产生缺氧、窒息，此时患者神志模糊，呼吸浅表、不规则，血压下降，心跳减慢，反射减弱。

（3）重度。溺水3～4分钟，因严重缺氧和窒息，患者面部出现紫块、肿胀，眼结膜充血，口腔、鼻腔、气管充满血性泡沫和污泥，肢体冰冷，昏迷，抽搐，呼吸不规则，胃内充满积水致腹胀，严重者心跳、呼吸停止，瞳孔散大。一般从溺水至死亡约5～6分钟。

把溺水者从水中救出后，应立即进行现场急救。

（1）立即清除口腔、鼻腔中的堵塞物，如杂草、污泥等。

方法：将患者侧卧，救护人员用一手固定患者向上的肩部，用另一只手的食指勾出患者口中异物。清理完后，托起患者下颌向上推，使其头部向后仰，并将舌头勾出，保持气道畅通，松解衣扣、腰带。

（2）进行排水动作，驱除呼吸道、肺和胃内的积水，适应呼吸、心跳尚存者。

方法：①急救者抱住患者双腿，将患者腹部置放于自己肩部，快步走动；②急救者一条腿跪下，另一条腿向前屈膝，将患者俯卧于急救者的膝盖上，使其头低位，轻叩患者背部将水排出；③也可利用自然斜坡或牛背，让患者头低位俯卧，急救者用手掌拍击其背部。

（3）患者已无自主呼吸，心跳已停止时，立即使患者仰卧于地板或木板上，施行心肺复苏术，并长时间坚持，不能轻易放弃救治。溺水者呼吸、心跳恢复后，应及时送医院进行检查治疗。

反观自我

和同学们讨论一下，游泳需要注意哪些事项？检查一下自己哪些地方做得还不够好。

知识拓展

在游泳池游泳安全常识

（1）在游泳池边不可奔跑或追逐，以免滑倒受伤。

（2）在游泳池边不可任意推人下水，以免撞到他人或撞到池边受伤。

（3）在游泳池浅水区严禁跳水，否则将造成颈椎受伤而终生瘫痪。

（4）戏水时，不可将他人压入水中不放，以免因呛水而窒息。

（5）水中活动时，已感有寒意时，或将有抽筋现象时，应上岸休息。

（6）若发现有人溺水时，即刻发出"有人溺水"的呼救或拨打电话"110"请求救援，如果自己没有学过水上救生，不可贸然下水施救。

你会游泳吗？如果有同学约你去深水区游泳，你会答应吗？说说你这样做的理由。

旅游安全须注意

保安全千日不足，出事故一日有余。

2005年9月24日11时30分，福建省长乐市湖南镇大鹤村象鼻山海滩发生一起悲剧：43名福建工贸学校的学生顶着8级大风到此游玩，突然一个巨浪袭来，3名男生被卷走，之后，又有4名前往搜救的男生失踪。

常言道："十灾九大意。"其实只要我们准备充分，很多事故是可以避免的。出门旅行也一定要做好充分的准备。

一、如何消除旅行中的不安全因素

旅行中的不安全因素主要有：①没有周密的旅游计划；②无目的的游览；③不尊重当地的习俗；④上当受骗；⑤单独外出旅游。

那么，如何消除旅行中的不安全因素呢？可以从以下几方面着手。

（1）要有周密的旅游计划。事先要制订时间、路线、膳宿的具体计划，带好导游图、有关地图及车、船时间表以及必需的行装。

（2）带个小药包。外出旅游要带上一些常用药，因为旅行难免会碰上一些意外情况，随身带上个小药包，争取做到有备无患。

（3）注意旅途安全。旅游有时会经过一些危险区域景点，如陡坡密林、悬崖蹊径、急流深洞等，在这些危险区域，要尽量结伴而行，千万不要独自冒险前往。

（4）讲文明礼貌。任何时候、任何场合，对人都要有礼貌，事事谦逊忍让，自觉遵守公共秩序。

（5）爱护文物古迹。旅游者每到一地都应自觉爱护文物古迹和景区的花草树木，不任意在景区、古迹上乱刻乱涂。

（6）尊重当地的习俗。我国是一个多民族的国家，许多少数民族有不同的宗教信仰和习俗忌讳。在进入少数民族聚居区旅游时，要尊重他们的传统习俗和生活中的禁忌，切不可忽视礼俗或由于行动上的不慎而伤害他们的民族自尊心。

（7）注意卫生与健康。旅游在外，品尝当地名菜、名点，无疑是一种"饮食文化"的享受，但一定要注意饮食、饮水卫生，切忌暴饮暴食。

（8）和家人保持联系。出门旅游有时候会因为突发事件而耽误行程，这种时候一定要记得和家人保持联系。

二、户外运动

广大群众特别是学生喜爱登山运动，但一定要把安全放在首位。登山特别是竞技性登山或登山探险，是一项特殊的高危运动，主要表现在它有许多未知因素和一些不可预知的险情，如雪崩、滑坠、暴风雪等。登山需要理智、科学，一定要量力而行。

我国有得天独厚的户外运动资源，不一定非到青藏高原，也不一定要去险峻的高山，而应当选择适于自己从事户外运动的地方。参加登山户外运动等具有一定风险的运动，必须确立两个观念，其一，"探险"不是"冒险"。探险是探索的过程，是在一定的精神和物质基础之上，在科学的指导下从事的探索活动，其要义是尊重科学。其二，是"亲近"自然而不是"征服"自然。我们应该亲近自然，聆听自然对我们的教诲，感受自然对我们的熏陶。作为一个成熟的登山者，认识自然、尊重规律是必须上的第一课。我们不应靠一时的心血来潮，用自己的鲜血和生命去体验前人的教训。

三、住宿安全需注意

（1）外出活动之前，别忘了带上自己的身份证和学生证，以备途中安全检查和住宿登记。

（2）旅途中需要住宿休息时，要选择一个安全、舒适、卫生的旅店。不要住那些设在车站码头附近的不正规的旅店。这种旅店有的无营业执照，有的管理不善，有的营业项目和价格都不符合规定，还有的甚至向旅客进行敲诈勒索。

（3）在旅店住宿时，要注意保管好自己的钱、物等，贵重物品要随身携带，一般行李可交旅社寄存处寄存起来。

（4）睡觉时注意关好门窗，外出时锁好门窗。

（5）如果有不认识的人同住一间房，既要注意文明礼貌、热情大方，又要提高警惕，不要轻信他人。

（6）如果我们是在野外扎营，应选择地势较高、视野开阔、干燥背风的地方，不要在干枯的河床或河岸上扎营，营地还应选择离水源近的地方。不要在有风的山顶、谷底和深不可测的山洞中扎营。如果过夜，可在帐篷的周围洒上石灰粉，防止野外的蛇、虫进入帐篷。生火做饭后要及时熄灭火种，防止火灾。

 **反观自我**

如果出门旅游的时候发现自己与同学、老师走散了，你该怎么办？

 **知识探究**

在林中迷了路可以这样做

1. 回忆

立即停下，回忆走过的道路，尽快确定方向。

2. 观察

看看四周的野草，刚走过的路，草会被踩倒且方向向前；找到方向就有可能找到来时的路。

3. 到高处去

爬上最近的高大山脊，一可以确定自己的位置，二可以发现人活动的迹象。

4. 寻找水流

在林区，道路和居民点常常临水而建，沿着水流的方向走，就有可能找到人家，也容易走出林区。

1. 旅行中的不安全因素有哪些？
2. 参加登山户外运动，必须确立哪两个观念？

旅途生病要当心

出门在外弃人望，身体健康第一桩。

钱小同跟着爷爷的考察队在山里已走了快五天了。这天，突然下起了大雨，还伴随着狂风。一位考察队的叔叔看小同穿得太少，就把自己的防风雨外套给了小同，叔叔自己只穿了一件薄薄的 T 恤衫。

不久，小同发现这位叔叔脸色发白、浑身发抖、口齿不清，连走路也不稳了。他赶紧告诉了爷爷。爷爷一听，连声说："不好！"立即让队伍停下。由于在山路中，无法搭帐篷，所以只好在一处山崖下面用雨衣、树枝等临时搭建了一个篷子遮风挡雨。大家帮着爷爷把这位叔叔的湿衣服脱掉，换上干衣服，并用大毛巾包裹住他的头和面部，又让他钻进睡袋休息。小同还拿来了自己最爱吃的巧克力给叔叔吃。这时，有个叔叔说："给他喝点酒吧，一会儿就暖和了。"爷爷一听，赶忙制止："这个时候千万不要给病人喝酒，喝了酒，血管扩张，原有的那点热量消失得更快，病人会觉得更冷。这个时候倒是可以喝点热水。"

经过大家的精心护理，叔叔的身体很快就暖和过来了，不久，又同大家一起继续赶路。

知识探究

"出门在外无小事"，任何一个小的问题的发生，都有可能导致大的事故。尤其是在旅游途中，由于频繁地更换地点和改变生活环境，加上跋山涉水，需要消耗大量的精力和体力，全身各系统常常处在紧张和变化之中，即处于"应激状态"。机体一旦进入应激状态，就会破坏体内环境的协调、平衡和稳定，导致疾病的发生。

一、旅途患病的应急处理

旅行中，夏天应防中暑，防蚊虫叮咬，冬天注意防寒，登山时防跌打扭伤，注意休息，不宜过度疲劳。讲究饮食卫生，不吃不洁净瓜果和饭菜，不喝过期或不卫生的饮品。遇到突发性的疾病，要根据不同情况采取相应的急救措施（愈快处理效果愈好），然后想办法尽快送医院救治。

1. 关节扭伤

关节不慎扭伤后，切忌立即搓揉按摩，应立即用冷水或冰块冷敷15分钟，然后，用手帕或绷带扎紧扭伤部位，也可就地取材用活血、散瘀、消肿的中药外敷包扎，争取及早康复。

2. 晕倒昏厥

对于晕倒昏厥的患者，千万不可随意搬动，应首先观察其心跳和呼吸是否异常。如果患者的心跳、呼吸正常，可轻拍患者并大声呼唤使其清醒；如果患者的心跳、呼吸无反应则说明情况比较复杂，应将患者头部偏向一侧并稍放低，采取人工呼吸和心脏按压的方法进行急救，并向其他人求救。

3. 心源性哮喘

奔波劳累，常会诱发或加重心源性哮喘的急性发作。病人首先应采取半卧位，并用布带轮流扎紧患者四肢中的三肢，每隔5分钟一次，可减少进入心脏的血流量，减轻心脏的负担。

4. 心绞痛

有心绞痛病史的患者，出外游玩应随身携带急救药品。发生心绞痛后，首先应让其坐起来，不可搬动，并迅速将硝酸甘油含于舌下，同时服用麝香保心丸或苏冰滴丸等药物，以缓解病情。

5. 胆绞痛

旅游途中若摄入过多的高脂肪和高蛋白饮食，容易诱发急性胆绞痛疾病。发病时首先应让患者静卧于床，迅速用热水袋在患者的右上腹热敷，也可用拇指压迫刺激足三里穴位，以缓解疼痛。

6. 胰腺炎

有些人在旅游时喜欢走到哪里就吃到哪里，暴饮暴食而诱发胰腺炎。发病后，应严格禁止饮水和饮食。然后，用拇指或食指压迫足三里、合谷等穴位以缓解疼痛，减轻病情并及时送往医院救治。

7. 急性肠胃炎

由于旅途中食物或饮水不洁，极易引起各种肠道疾病，如出现呕吐、腹泻或剧烈腹痛等症状。同伴应立即将病人送往附近医院诊治，并将其吐、泻物按防疫要求进行消毒处理，以防传播扩散。

二、旅游如何防"上火"

由于旅途中的饮食起居往往会打破原有的生活规律，很多人在旅游途中会出现颜面潮红、心绪不宁、食欲不振等症状，还有的人在嘴唇、口角以致脸上起疱疹。这就是人们常说的"上火"现象，也是旅行中最常见的疾病。

在旅游中注意以下几点，就可以避免"上火"。

1. 做好充分准备

出发前对于旅行的路线、乘车的时间、携带的物品都要做好充分准备。无论遇到任何事情都能从容不迫、心境平和。

2. 生活有规律

旅游的日程安排最好按平时的作息，按时起床、睡眠，定时定量进餐，不为赶时间放弃一顿饭，也不为一席佳肴而暴饮暴食。

3. 多吃清火食物，多饮水

旅游中应多吃新鲜绿叶蔬菜、水果多喝绿茶。尤其是夏天容易出汗，一定要多喝开水，及时补充体内的水分。

4. 注意劳逸结合

安排各种活动需适当而有节制，保证充足的睡眠，以免过度疲劳使抵抗力下降。

5. 对症下药

旅游途中由于紧张劳累，机体的调节、免疫机能都有所下降，对外界不良因素的耐受

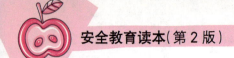

能力减弱，一旦"上火"应及时治疗，切不可任其发展。

你有出门旅行的经验吗？和同学们说一说你是怎么做的。

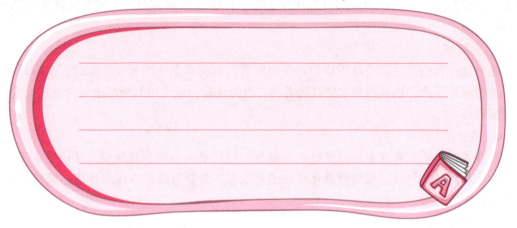

夏季出游，吃住行需注意什么

（1）夏季出游服装颜色以白色、宽松为好，白色可防辐射热，宽松较凉快；一路要多喝白开水或茶水，补充水分，一次不宜多饮，每天喝足2 000毫升水。

（2）食以清淡为主，多吃苦瓜、丝瓜、冬瓜、黄瓜、绿叶菜、番茄等，能除湿利尿、清热解毒。多喝点醋，可防肠道病变。

（3）居住地要清洁卫生，有空调的房间不宜开着空调过夜，否则易患空调病；没有空调的房间，要通风换气。

（4）盛夏清晨，凉风习习，气温不高，且空气清新。若出游，当以早行为宜。

为什么旅行时容易患病呢？如果旅途中突然患病了，你该怎么办？

开篇寄语

　　在校期间，中职学生除了正常的学习生活外，还要走出学校参加各种各样的社会活动，在这样的情况下，学生作为弱势群体往往成为犯罪分子伤害的对象。缺乏社会经验，尤其是缺乏安全常识的学生们，就成为各种不安全问题和案件的受害者。加强中职学生的安全教育，不断增强中职学生的安全意识和自我保护防范能力，已经成为社会的共识，有着迫切的必要性。

社会篇

——复杂社会　致命吸引力

珍惜生活，远离毒品

既然种下一颗恶的种子，休想获得善的果实。

 **应知导航**

某市一位学业优秀的中职生，因好奇而初次尝试了毒品，以后便一发而不可收拾，渐渐染上了毒瘾。为了支付昂贵的吸毒费用，他常常向亲戚朋友借钱，最后发展到偷父母的钱或将家中贵重的物品卖掉。吸毒使这名中职生学习成绩急剧下降，精神萎靡不振，表情麻木，最后这名中职生因一次吸毒过量而失去了生命。

 **知识探究**

一、毒品

1. 什么是毒品

按照我国《刑法》规定，毒品"是指鸦片、海洛因、甲基苯丙胺（冰毒）、吗啡、大麻、可卡因以及国家规定管制的其他能够使人形成瘾癖的麻醉药品和精神药品"。

2. 新型毒品与传统毒品的区别

新型毒品大部分是通过人工合成的化学合成类毒品，而鸦片、海洛因等麻醉药品主要是罂粟等毒品原植物再加工的半合成类毒品。所以，新型毒品又叫"实验室毒品""化学合成毒品"。

新型毒品对人体主要有兴奋、抑制或致幻的作用，而鸦片、海洛因等传统的麻醉药品对人体则主要以"镇痛""镇静"为主。

海洛因等传统毒品吸食者一般是在吸食前犯罪，由于对毒品的强烈渴求，为了获取毒品而去杀人、抢劫、盗窃；而冰毒、摇头丸等新型毒品吸食者一般由于在吸食后会出现幻觉、极度的兴奋、抑郁等精神病症状，从而导致行为失控造成暴力犯罪。

二、吸毒

吸毒是吸食、注射毒品的违法行为。

在我国，过去吸毒者传统使用的毒品主要是鸦片（大烟），吸食大烟的方式是从口鼻吸入。在民间，"吸毒"与"吸大烟"是一回事。现在吸毒的内涵扩大了，一是毒品的范围扩大，即凡是以非医疗目的而滥用麻醉药品与精神药品，都是吸毒；二是吸毒的方式多了，由过去单一的口鼻吸入发展为口服、肌肉注射和静脉注射等。

三、青少年吸毒的原因

部分青少年不幸染上了毒瘾。通过对青少年最初接触毒品情况的调查，发现吸毒的主要原因有以下几种。

（1）交友不慎，相互效仿，同流合污。

（2）盲目好奇，不加分析，消极效仿。

（3）不良家庭和社区环境影响，造成心理发生畸变。

（4）摆阔气、赶时髦。追求享乐，寻求刺激，腐化堕落。

（5）受他人引诱、教唆、欺骗。

四、吸毒对人体健康的损害

毒品对人体健康的损害是多方面的。

（1）吸毒损害人的大脑，影响中枢神经系统的功能。

（2）吸毒影响心脏功能、血液循环及呼吸系统功能。

（3）吸毒者或其配偶生下的畸形儿、怪胎屡见不鲜。

（4）吸毒导致人的免疫力下降，容易感染各类疾病。

五、青少年要远离毒品

现在社会上吸食毒品的人日渐增多。这种暂时能使人"飘飘欲仙"的东西，实际上是严重损伤人体、毁灭生命的"白色恶魔"，是扼杀人类的杀手。毒品有极高的成瘾性和依赖性，一旦有了第一次尝试，接着就会有第二次、第三次，最终走上自毁之路。因此，毒品一次也不能尝。

🔍 反观自我

想一想你听到或见到的吸食毒品的案例，说一说你对毒品危害性的认识。

知识拓展

新型毒品的种类

1. 冰毒

通用名称：甲基苯丙胺

性状：外观为纯白结晶体，晶莹剔透，故被吸毒、贩毒者称为"冰"（lce）。由于对人体的中枢神经系统具有极强的刺激作用，且毒性剧烈，又称之为"冰毒"。冰毒的精神依赖性极强，已成为目前国际上危害最大的毒品之一。

滥用方式：口服、鼻吸。

吸食危害：吸食后会产生强烈的生理兴奋，能大量消耗人的体力和降低免疫功能，严重损害心脏、大脑组织甚至导致死亡。吸食成瘾者还会造成精神障碍，表现出妄想、好斗等。

2. 摇头丸

性状：以 MDMA、MDA 等苯丙胺类兴奋剂为主要成分，由于滥用者服用后可出现长时间难以控制随音乐剧烈摆动头部的现象，故称为摇头丸。外观多呈片剂，形状多样，五颜六色。

吸食危害：摇头丸具有兴奋和致幻双重作用，在药物的作用下，用药者的时间概念和认知出现混乱，表现出超乎寻常的活跃，整夜狂舞，不知疲劳。

同时在幻觉作用下使人行为失控，常常引发集体淫乱、自残与攻击行为，并可诱发精神分裂症及急性心脑疾病。

3. K 粉

通用名称：氯胺酮

性状：静脉全麻药，有时也可用做兽用麻醉药。一般人只要足量接触两三次即可上瘾，是一种很危险的精神药品。K粉外观上是白色结晶性粉末，无臭，易溶于水，可随意勾兑进饮料、红酒中服下。

吸食反应：服药开始时身体瘫软，一旦接触到节奏狂放的音乐，便会条件反射般强烈扭动、手舞足蹈，"狂劲"一般会持续数小时甚至更长，直到药性渐散身体虚脱为止。

吸食危害：氯胺酮具有很强的依赖性，服用后会产生意识与感觉的分离状态，导致神经中毒反应、幻觉和精神分裂症状，表现为头昏、精神错乱、过度兴奋、幻觉、幻视、幻听、运动功能障碍、抑郁以及出现怪异和危险行为。同时，对记忆和思维能力将造成严重损害。

 学以致用

1. 青少年吸毒的原因有哪些？
2. 为什么毒品一次也沾不得？

远离赌博

亚麻远离火苗，青年远离赌博。

 应知导航

某市一位中职学生，经常用父母给的零花钱光顾游戏厅，结果玩赌博机上了瘾，经常旷课逃学，从偷父母的钱到拦路抢劫同学的钱去玩赌博机。最后辍学在外，走上了违法犯罪的道路。

 知识探究

我国《刑法》第三百零三条明文规定了"赌博罪"，禁止任何以营利为目的的赌博行

为，但是，在青少年中，这种不良行为还是具有很高的发生率。

一、影响青少年学生赌博的主要因素

社会上赌博风气的盛行，是影响青少年学生参加赌博活动的重要原因。从城市到农村，赌博成了具有普遍性的活动。由于禁赌是禁大型的，以至于一般人们的小赌小玩似乎成了合法的、正当的娱乐了。在一些地方，赌博活动成了一种社会时尚，它潜移默化地影响着我们的下一代。许多成年人，特别是做父母的进行赌博，带了坏头。有的学生自小在家中看父母跟人玩麻将，久而久之，他的好奇心产生了，"大人这么好玩，我也来试一试!"从不懂到会，不少青少年学生打麻将，就是在父母的"言传身教"中入门的。

从自身来说，由于他们幼稚，缺乏识别能力，不能正确地分析社会上的赌博之风，容易把丑的当做美的。同时，玩麻将、扑克和骰子的行为方式有新奇性，能吸引他们。因此，就像玩其他游戏一样，青少年对赌博活动容易上手，而且上手后不易放下。

二、青少年赌博的危害性

大量事例证明，参与赌博的青少年都会有不同程度的学习成绩的下降，而且陷入赌博活动的程度越深，学习成绩下降得就越严重。

另外，由于赌博活动的结果与金钱、财物的得失密切相关，所以迫使参与者要全力以赴，精神高度紧张，精力消耗大。经常参与赌博活动会诱发严重的失眠、精神衰弱、记忆力下降等症状。同时，还会严重损害心理健康，造成心理素质下降，道德品质也会下降，社会责任感、耻辱感、自尊心都会受到严重削弱。甚至会为了赌博而违法犯罪。

再者，赌博会使青少年对把人们之间的关系看成赤裸裸的金钱关系，逐渐成为自私自利、注重金钱、见利忘义的人。

三、青少年怎样避免沾染赌博

（1）首先，自己不能参与打麻将，还应劝阻家长不能沾染赌博这一恶习。

（2）避免染上赌博的毛病，还应克服两种错误思想：一是"玩小不玩大"，即认为"赌输赢的钱不多，没关系"，其实不然，赌徒是由小赌到大的；二是"不好意思拒绝"，聚众赌博是违反《治安管理条例》的，在关系到违法不违法的是非面前，不能糊里糊涂地犯错误。

四、抵制赌博的正确方式

抵制赌博正确的方式是"坚持原则，灵活应对，加以制止"。

1. 坚持原则

坚持原则即在任何时候、任何场合、任何情况下，不管是同学、朋友、邻居还是家长，凡是拉你去赌博，你就是坚决不参加。要克服两种错误思想：一克服"玩小不玩大"，即认为"输赢不多，没关系"。实则不然，赌徒往往都是以小赌上瘾到大赌的。二克服"不好意思拒绝"，在关系到违法不违法的是非面前，不能糊里糊涂地犯错误，不能因为怕伤了感情而去犯错误，一定要克服"哥们儿义气"。

2. 灵活应对

灵活应对即别人在拉你参与赌博时，要找出各种理由，甚至是借口加以拒绝。是否被人拉下水，关键在自己，只要你有不参加赌博的决心，就能从容地对付拉你"下水"的人。

3. 加以制止

如果发现同学或朋友参与赌博，要从关心帮助的愿望出发，采取适当的方法进行劝阻，如无效果，可向老师和学校报告，对他们及时挽救。

反观自我

想一想自己身边有没有赌博的现象？你应该怎么做？

学以致用

有人请你玩赌博机，你该怎么办？

远离烟酒

别倚仗体力和烟酒周旋。

部分大人对烟、酒的嗜好，往往容易让日渐成长的孩子误以为吸烟、喝酒是成熟的象征。有一位中职学生丁丁在朋友、同伴的劝说下，与烟酒有了第一次接触，以后就迷恋上了烟酒。虽然他尝试了"当大人的味道"，但不幸的是在一次体检中，丁丁被诊断患了早期肺癌。烟酒给丁丁带来了可怕的灾难。

一、吸烟、喝酒的心理因素

1. 对"偶像"的模仿心理

学生心里都有他们崇拜的偶像，如某教师、家长、名人、影视明星等。他们对偶像的言行、举止常常表示羡慕而刻意模仿，当然也包括偶像吸烟喝酒时的"优美"姿态和"潇洒"风度。他们认为自己若吸烟喝酒不仅与偶像距离近了，而且也标志着自身的"成熟"，于是在不知不觉中去学了。

2. 交往心理

在社会风气影响下，为了办事顺利、联络感情，以烟酒引路，此风对青少年影响明显。某中职学校调查表明，男生间相互敬烟、请客、喝酒已成为习惯，认为"烟酒可使人产生亲近感，减少障碍，提高办事效率"。

3. 对"压力"的反抗心理

"压力"一般来自教师与家长。比如，超出承受能力的作业量，无须解释的强制性命令，不切实际的过高要求，"蒙冤"式的批评，申辩带来的训斥等，对学生来说都是沉重的压力。当焦虑、怨恨的情绪无从发泄时，他们便借吸烟、喝酒来表示反抗，企图在苦闷中得以解脱。

二、烟、酒对身体的危害

（1）烟对人的气管会产生强烈的刺激和损伤，容易引起气管炎。长期吸烟，这种刺激和损伤就会由气管发展到肺，甚至可能从一般的炎症发展到癌症。

（2）烟里含有各种有害气体，其中含有大量的毒素叫"尼古丁"。尼古丁的毒性很大，一定量的尼古丁足以致人死亡。

（3）据统计，吸烟的人得呼吸道疾病、患肺癌的发病率要比不吸烟的人高得多。

（4）酒对人的大脑、胃、肝等器官都不利。长期大量地饮酒，会造成对消化器官的伤害，甚至会诱发肝肿大、肝硬化。

（5）大量喝酒会使人头昏，走路、行动都不自主，说话不清，思维迟钝。

反观自我

自己有没有吸烟、喝酒的习惯？如果没有，学完此课应该怎么做？

知识拓展

香烟的主要成分

1. 尼古丁

香烟烟雾中极活跃的物质，毒性极大，而且作用迅速。40~60mg的尼古丁具有与氰化物同样的杀伤力，能置人于死地。尼古丁是令人产生依赖成瘾的主要物质之一。

2. 焦油

在点燃香烟时产生，其性质与沥青并无多大差别。有分析表明，焦油中约含有5 000种有机和无机的化学物质，是导致癌症的元凶。

3. 亚硝胺

亚硝胺（TSNA）是一种极强的致癌物质。烟草在发酵过程中以及在点燃时会产生一种烟草特异的亚硝胺。

4. 一氧化碳

吸烟时，烟丝并不能完全燃烧，因此会有较多的一氧化碳产生。一氧化碳与血红蛋白结合，影响心血管的血氧供应，促进胆固醇增高，也可以间接导致某些肿瘤的形成。

5. 放射性物质

烟草中含有多种放射性物质，其中以钋210最为危险，它可以放出 α 射线。

除了上述有害物质之外，香烟中的有害物质还有苯并芘，这是一种强致癌物质。另外烟中的金属镉、联苯胺、氯乙烯等，对癌细胞的形成会起到推波助澜的作用。

学以致用

请说说烟、酒对人体有哪些危害？

第四课 学会自制，切莫沉迷网络

出淤泥而不染，濯清涟而不妖。

应知导航

　　2006 年 12 月 27 号在天津市塘沽区海河外滩一栋 24 层高楼顶上，一个 13 岁男孩双臂平伸、双脚交叉成飞天姿势，纵身跃起向东南方向的海"飞"去。这不是电影镜头，也不是网络游戏情节，而是一幕真实的惨剧。

　　在离新年的钟声敲响还有 4 天的日子，这名沉溺网络游戏难以自拔的男孩，选择了一种极端的方式离开了这个世界，去追寻网络游戏中他的那些朋友，把无限的痛苦和思念留给了他的亲人。

知识探究

　　网络是一个信息的宝库，同时也是一个信息的垃圾场。网上各种信息良莠并存，真假难辨，由于缺乏有效的监管，网上色情、反动等负面的信息屡见不鲜。这些不良信息对于是非辨别能力、自我控制能力和选择能力都比较弱的学生来说，难以抵挡其负面影响。个别网吧经营者更是抓住青少年学生这一特点，包庇、纵容、支持他们登录不良网站，使他们沉迷于网上不能自拔。一些学生也因此入不敷出，直至走上偷盗、抢劫、强奸、杀人的犯罪道路。

一、青少年沉迷网络的原因

1. 猎奇心理的驱使

　　青少年正处于成长阶段，自控能力较差，辨别是非的能力不强，面对五彩缤纷的社会，他们充满了猎奇心，渴望通过自己的视角尝试新鲜事物，了解社会、参与社会。虚拟、不设防的网络，恰好为他们提供了这一空间，使他们把虚拟的网络和现实生活中的是与非混为一谈，甚至导致他们在现实中去追求与模仿。

2. 抵挡不住的游戏魔力

　　未成年人正处在发育阶段，他们的知识、心理、人生观、价值观以及意志力，都处在脆弱的培养时期，而网络游戏近于完美的画面和音响效果，吸引人的游戏情节，能够让人在玩的过程中，领略到现实生活中无法感受到的惊险、紧张与刺激。加之网络游戏的互动性、仿真性和竞技性，使玩网络游戏的人在虚拟的环境里，与不同的人，在同一时刻，进行着同一个游戏，大家或合作、或对抗、或较量，使其从中领略到现实生活中感觉不到的力量和智慧，得到现实社会无法实现的自我肯定及网友的认可，从而获得心理上的满足。

因此，作为意志力脆弱的未成年人来说，只要触及网络游戏，往往就会被它的魔力所吸引，以至征服，甚至造成"网络成瘾"症，整日沉溺其中，荒废学业，不能自拔。

3. 家庭教育欠缺，学校教育不当

由于过分强调成绩，学生与家长或老师缺乏知识和思想的交流与沟通，造成他们的压抑、焦虑、孤僻、自卑和逆反等思想性格，从而到网吧寻求所谓平等和自由的沟通、交流方式，从网络游戏中寻找刺激。

4. 社会监管的漏洞，黑网吧的诱导

虽然我国对未成年人进入网吧等互联网服务营业场所作了严格的限制，但大多数网吧还缺乏有效的管理措施，一些网站开设所谓性知识、性教育、写真、聊天室等频道，打"擦边球"，更有一些黑网吧夜间12点后，开设黄色网站，使具有强烈猎奇心理的未成年人，无法抵御网络游戏的魔力和诱惑，以及黄色网站对他们灵魂的侵蚀，最终成为网络时代的牺牲品。

二、沉迷于网络的危害

青少年如果沉迷于网络，就会变得孤僻、容易冲动和狂躁，对学习逐渐失去兴趣，使他们的身心健康受到严重损害。

（1）沉迷于网络，长时间上网容易导致疲劳，影响青少年的身心健康。

（2）容易脱离现实，深陷游戏的虚拟世界之中，迷失自我，难以自拔，造成精神空虚，荒废学业，甚至诱发各种违法犯罪行为。

某中职学生李栋在同学的带领下，怀着猎奇心第一次涉足网吧，开始学习简单的网络游戏，这晚九点半才离开。从此，他经常晚上十一二点才回家，甚至有时夜不归宿。家长的阻止和老师的教诲，在网络游戏的魔力面前显得不堪一击。出生入死的"半条命"、刺激的"暴力摩托"，使其成为同学们中的"游戏老大"，最终他因寻找网吧消费的经济来源，冒充公安分局实习警员，抢劫董某（15岁）的摩托罗拉V66手机一部，后又威胁董某打电话叫来其同学于某，劫取现金50元和高档自行车1辆，价值人民币1 510元，被法院以盗窃罪、抢劫罪判处有期徒刑4年。

（3）出现家庭矛盾，影响父母与子女的关系。

家住北京市丰台区的王某在 9 岁那年，父母因感情不和而离婚，父母亲的离异在她幼小的心灵里留下了无法弥补的创伤，和睦美满的家庭破碎后，父亲变得寡言少语，每天除了工作外，很少与女儿沟通、交流。13 岁那年，她独自一个人走进了网吧，从此沉迷网络，成绩一落千丈。父亲知道后对她进行生硬地说教和指责，对此早已烦透的她，每一次都是默默地听着，可心里认为：自己永远也无法与父亲沟通。心理的巨大压力，使她和父亲决裂，走上了犯罪道路。

三、如何摆脱对网络的依赖

要使青少年摆脱对网络的依赖，必须依靠学校、家长、社会、政府等多方位的监管、引导和教育，作为青少年本身也应该加强自我约束，提高自身素质，树立健康积极的人生态度。

1. 政府

国家依法规范文化市场，加强监管力度，关闭不良游戏，开展健康上网、拒绝成瘾等教育活动。建设绿色上网场所，创造条件让青少年积极参与各种健康有益的文化活动和道德实践活动。鼓励开发绿色网络产品。

2. 社会

全社会共同参与管理，加强舆论监督。开办戒网诊所，开展多种形式的精神文明创建活动，营造良好的文化环境。

3. 网络界、网吧经营者

树立社会责任感，帮助网瘾患者加强自律，开发健康网络游戏，杜绝暴力游戏。网吧应依法经营，不接纳未成年人，并安装限时设置。

4. 学校

全面贯彻教育方针，严格校规，加强管理，防止学生逃学上网吧。重视品德和法制教育，加强网络道德、文明教育，增强学生对不良网络信息及其他一切不良文化的抵抗力。加强文化设施建设，开展各种文化活动，吸引学生，远离网吧。

5. 家庭

家长要引导孩子正确上网，上健康网站，控制上网时间，培养他们的自控能力和广泛的兴趣爱好，使子女身心健康。

6. 青少年自身

（1）应依法自律，不进营业性网吧。

（2）听从老师和家长的教导和监督，不浏览不良信息，文明上网。

（3）自觉遵守法律和法规，充分认识到网瘾（网游）的危害性和学习的重要性。提高个人素质，参加各种有益的活动，转移注意力，培养健康人格。

（4）合理利用网络资源，控制上网时间，选择健康游戏内容，不沉迷于网络。不模仿网络游戏中不健康的内容，自觉抵制不良文化侵袭，并同各种违法和损害精神文明的行为作斗争。

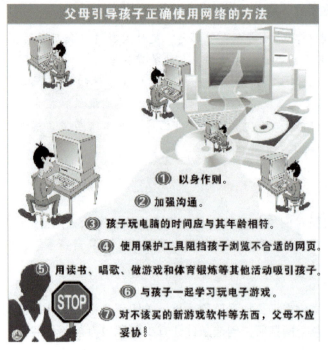

父母引导孩子正确使用网络的方法

① 以身作则。
② 加强沟通。
③ 孩子玩电脑的时间应与其年龄相符。
④ 使用保护工具阻挡孩子浏览不合适的网页。
⑤ 用读书、唱歌、做游戏和体育锻炼等其他活动吸引孩子。
⑥ 与孩子一起学习玩电子游戏。
⑦ 对不该买的新游戏软件等东西，父母不应妥协。

四、如何抵御网上不良信息的侵害

1. 加强对网络信息的辨别能力

加强对网络信息的辨别能力，避免网络不良信息对青少年学生的侵害，主要方法如下：

（1）安装"网络防火墙""净网先锋"等比较成熟的网络软件；

（2）对 IE 浏览器进行分级审查设置；

（3）学会使用"3721 上网助手"；

（4）浏览网页时，不要去点击广告窗口；

（5）坚信"天下没有免费的午餐"，对于网络中"送大礼""点击挣美元"等诱惑要保持清醒的头脑，不上当、不点击；

（6）在打开网站时，自动弹开的一些广告窗口，应及时关闭。

做到上述要求，可以有效抵御一些不良信息的侵扰。

2. 利用可以信赖的搜索引擎

利用有效的搜索引擎可以有效地搜索到需求信息，达到事倍功半之效，因此，青少年学生一定要掌握一些常用的搜索引擎。目前，百度和谷歌是搜索功能较强的两大引擎，利用各种搜索引擎找到未知网址的信息相当容易，利用浏览器的历史记忆功能可以在公用计算机上找到以前阅览过的信息，还可以利用 RSS 订阅或 IE 的收藏同步功能让新信息自动出现。

3. 记住对自己有帮助的常用网址

青少年学生利用自己的计算机上网时，可以利用收藏夹便捷地收藏对自己有帮助的一些网址；在网吧上网时，可以利用邮箱记录对自己有帮助的网址，以便在下次能方便快捷地查找到这些网页；同时，辅导员教师可以组织学生开展一次以网址为主题的班会，让学生了解哪些网址对学习、工作比较有益，讨论这些网址都有哪些方面的信息，如何利用这些信息等。通过讨论帮助学生搜索、鉴别，引导学生关注那些健康、积极、帮助学生成长成才的网址。青少年学生可以为自己制作一份上网浏览计划书，将一些较为著名的大型门户网站，如搜狐、中华网、新浪等对自己有帮助的绿色网站作为浏览首选。

4. 不安装不成熟的软件

有些网络不良信息会附带在某些软件上，只要安装了此种软件，在使用时便会出现大量的不良信息，青少年学生必须警惕此类不良软件，对一些不成熟的、存在风险的软件建议不要安装，以免夹杂病毒危害计算机系统。上网注册填信息时，尽量不要公布自己的电话、学校、邮箱等私密信息，避免垃圾邮件、垃圾短信等不良信息的侵扰。

近年来，发现多起通过学生电话对其家长进行诈骗的案件，为了减少家长上当受骗，青少年学生在登记自己的个人信息时应特别谨慎。有些单位和个人以开展调查问卷、有奖办理银行卡等电子卡片、销售回访等为由，登记顾客个人信息，并将顾客个人信息如工作单位、职业、手机、家庭电话等贩卖给发布消息的单位和个人，给不法人员以可乘之机，或者对学生家长进行欺诈，或者给学生发布不良信息，给青少年学生造成极大的阴影。

五、青少年学生上网的安全策略

目前，青少年学生安全上网可以采取的措施较多，对于控制浏览内容的技术也不少，成熟而易于推广应用的是内容分级审查系统，因为从 Windows98 开始，微软公司就在操作系统中实现了内容分级审查系统程序，要设置应用就可以拥有一个相对安全的网络空间。除此之外，给青少年学生推荐以下几种上网的安全策略。

1. 合理取舍网络信息

在青少年阶段，主要是学习信息处理方法，培养交流能力和对社会的适应能力，培养信息素养。通过因特网，青少年学生可以学习如何检索、核对、判断、选择和处理信息，以达到对信息的有效利用。

2. 正确对待网络游戏

计算机是一种学习和工作的工具，也是一种娱乐工具。目前，学生对计算网络的兴趣往往不是来源于计算机网络丰富的学习资源，而是来源于对网络游戏的热衷。因此，如何引导学生正确对待网络游戏、引发正确的学习动机就显得十分重要。学生现在还处于学习知识的重要阶段，应把计算机作为一种帮助学习的工具，而不是作为高级的游戏机。喜欢玩游戏的同学如果想自己编出更好玩、更有趣的游戏软件，现在开始就要努力学习计算机知识，努力成为一个出色的软件设计师。

3. 谨慎网上交友

目前，网上聊天交友已成为青少年的一种时尚。但是，有些学生因迷恋上网影响正常的学习，学习成绩下降；有的学生沉溺于虚拟的网络交往，影响了现实生活中与父母、老师、同学的交流；有的甚至陷于不切实际的网恋而不能自拔。因此，青少年学生应正确看待网络，正确处理虚拟和现实的关系。

4. 增强自控能力，加强自我保护和约束

青少年学生要慎重选择上网场所、上网时间、浏览网页的内容，选择那些通风环境较

好、管理规范的网吧，必要时可以采取限时措施，每次上网 1～2 小时，坚决抵制不良网站的侵袭。上网时要保持高度警觉，不要理会陌生人的搭讪，谢绝不良人员的盛情邀请，回避陌生人的无理要求，躲避恶意网站、不良网络游戏、黑网吧，"黑客"教唆陷阱、邪教陷阱、网恋陷阱、淫秽色情陷阱等不良网站，防止遭受非法侵害。特别是一些熟知计算机操作的学生，在使用计算机时，力戒利用计算机进行违法活动的心理。

六、上网应恪守的道德规范

青少年学生上网应遵守的道德规范大致可分为强制性的法律法规和自觉性的道德。

1. 学生上网应遵守的强制性法律法规

（1）遵守《中华人民共和国计算机信息系统安全保护条例》，禁止侵犯计算机软件著作权。

（2）任何组织或者个人，不得利用计算机信息系统从事危害国家利益、集体利益和公民合法利益的活动，不得危害计算机信息系统的安全。

（3）计算机信息网络直接进行国际联网，必须使用邮电部国家公用电信网络提供的国际出入口信道。任何单位和个人不得自行建立或者使用其他信道进行国际联网。

（4）从事国际联网业务的单位和个人，应当遵守国家有关法律、行政法规，严格执行安全保密制度，不得利用国际互联网从事危害国家安全、泄露国家秘密等违法犯罪活动，不得制作、查阅、复制和传播妨碍社会治安的信息和淫秽色情等信息。

（5）任何组织或个人，不得利用计算机国际联网从事危害他人信息系统和网络安全，侵犯他人合法权益的活动。

（6）国际联网用户应当服从接入单位的管理，遵守用户守则；不得擅自进入未经许可的计算机系统，篡改他人信息；不得在网络上散发恶意信息，冒用他人名义发出信息，侵犯他人合法权益的活动。

（7）任何单位和个人发现计算机信息系统泄密后，应及时采取补救措施，并按有关规定及时向上级报告。

2. 青少年学生上网应自觉遵守的道德规范

（1）自觉避免沉迷于网络。适度的上网对学习和生活是有益的，但长时间沉迷于网络对人的身心健康有极大损害。现实中存在着一些人上网成瘾，沉迷于网络而不能自拔，进而导致耽误学业，甚至放弃学业或家庭破裂的现象。值得人们警惕的是，沉迷于网络尤其是游戏已成为近年来青少年刑事犯罪率升高的重要原因之一。人们应当从自己的身心健康发展出发，学会理性对待网络。

（2）养成网络自律精神。网络的虚拟性以及行为主体的匿名隐蔽特点，大大削弱了社会舆论的监督作用，使得道德规范所具有的外在压力的效用明显降低。在这种情况下，个体的道德自律成了维护网络道德规范的基本保障。"慎独"是一种道德境界，信息时代十分需要，在网络生活中培养自律精神，在缺少外在监督的网络空间里，自觉做到自律而"不逾矩"。

（3）进行健康网络交往。网络已成为一种人际交往的媒介和工具。人们可以通过网络收发邮件、实时聊天、视频会议、网上留言、网上交友等。网络交往要做到诚实无欺，不应该通过网络进行色情、赌博活动，更不能在 BBS 或论坛上侮辱、诽谤他人。应通过网络开展健康有益的交往活动，在网络交往中树立自我保护意识，不要轻易相信、约会网友，避免受骗上当。

（4）正确使用网络工具。要遵守网络法规，遵守职业道德，尊重民族感情，遵守国际网络道德公约，包括不涉足不良网站，不浏览不良的内容；不用计算机去伤害他人；不干扰别人的计算机工作；不窥探别人的文件；不用计算机进行偷窃；不用计算机作伪证；不使用或拷贝没有付钱的软件；未经许可不使用别人的计算机资源；不当黑客；不利用网络偷窥他人隐私；不对英雄人物和红色经典作品恶搞；不修改任何网络系统文件；不无端破坏任何系统，尤其不要破坏别人的文件或数据；不在网上发布虚假信息，实施坑、蒙、拐、骗、敲诈勒索等行为。

七、计算机使用中的违法行为

计算机违法犯罪所具有的高智能性、高隐蔽性等特点，对计算机专业人员和青少年具有诱惑性。据统计，当今世界上发生的计算机犯罪案件，70% ~ 80% 是计算机行家所为。从我国的情况看，在作案者中，计算机工作人员也占 70% 以上。计算机违法犯罪趋向于知识化、年轻化。国外已经发现的计算机犯罪案件中，罪犯年龄在 18 ~ 40 岁的占 80% 左右，平均年龄只有 23 岁。可以说，青少年是计算机违法犯罪的高危人群，中职学生正处于青年阶段，更应该特别注意预防涉及计算机的违法犯罪心理。计算机违法主要由以下几种心理驱使。

1. 好奇和尝试心理

学会了使用计算机，就想练练手，想试试自己能否破解别人设置的密码，从此一发而不可收。

2. 恶作剧心理

缺乏社会责任感和自我约束能力，法纪观念淡薄，拿别人开电子玩笑，给别人制造电子麻烦，捉弄人。

3. 畸形智力游戏心理

自恃身怀计算机绝技，把网络当成施展高智商的天地，解密攻关成瘾，专门挑战军事部门、政府机关，搞非法揭秘活动。

4. 侥幸心理

认为利用计算机干违法的事只是一瞬间，留不下什么痕迹证据，认为执法机关精通计算机的人不多，未必能侦查破案。

5. 报复心理

因为与人有矛盾纠纷或感到遭受不公正的待遇等情况，实行电子报复。

6. 图财牟利心理

据美国的一项研究表明，促使犯罪者实施计算机犯罪的最有影响力的因素是个人财产上的获利，其次是进行犯罪活动的智力挑战。

7. 互联网综合征

我国台湾地区有的青少年学生上网成瘾，"珍惜"上网的分分秒秒，连上厕所都舍不得

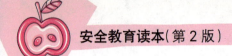

离开计算机，特意买了许多纸尿裤备用。据报道，上海某中职学校学生，一段时间以来，每天早上8点进机房，晚上9点才出来，沉醉于虚拟世界，产生了网络心理障碍。

8. 网络偏执狂（网狂）

美国一项最新的网络调查结果表明，每周上网时间超过5小时的网民就已经成为轻度"网狂"，他们与别人面对面的交流减少，迷恋虚拟世界里的匿名交流，像吸毒一样上瘾，无法自拔。其本质上是逃避现实生活中应承担的人际关系责任，而匿名进行网络聊天不需要对其他匿名者承担任何责任。

你的身边有沉迷于网络的例子吗？说一说你对此的看法。

长时间上网的危害

1. 对身体健康的直接影响

计算机显示器伴有辐射与电磁波，长期使用会伤害人的眼睛，诱发一些眼病，如青光眼等；长期击键会对手指和上肢不利；操作计算机时，体形和全身难得有变化，高速、单一、重复的操作，持久地强迫体位，容易导致肌肉骨骼系统的疾患。计算机操作时所累及的主要部位有腰、颈、肩、肘、腕部等。

2. 计算机微波对身体的危害

计算机的低能量的X射线和低频电磁辐射，容易引起人们中枢神经失调。英国一项办公室电磁波研究证实，计算机屏幕发出的低频辐射与磁场，会导致719种病症，包括眼睛痒、颈背痛、短暂失去记忆、暴躁及抑郁等。对女性还易造成生殖机能及胚胎发育异常，出现痛经、经期延长等症状，少数妇女还发生早产或流产，孕妇每周使用20小时以上计算机，其流产发生率增加 80% 以上，同时，还能导致胎儿畸形。

3. 增加精神和心理压力

操作计算机的过程中注意力高度集中，眼、手指快速频繁运动，使生理、心理过度重负，从而产生睡眠多梦、神经衰弱、头部酸胀、机体免疫力下降，甚至会诱发一些精神方面的疾病。这种人易丧失自信，内心时常紧张、烦躁、焦虑不安，最终导致身心疲惫。

4. 导致网络综合征

长时间无节制地花费大量时间和精力在互联网上持续聊天、浏览，会导致各种行为异常、心理障碍、人格障碍、交感神经功能部分失调，严重者发展成为网络综合征，该病症的典型表现为情绪低落、兴趣丧失、睡眠障碍、生物钟紊乱、食欲下降和体重减轻、精力不足、精神运动性迟缓和激动、自我评价降低、思维迟缓、不愿意参加社会活动、很少关心他人、饮酒和滥用药物等。

5. 计算机散发的气体危害呼吸系统

计算机、激光打印机等设备会释放有害人体健康的臭氧，不仅有毒，而且可造成某些人呼吸困难，对于那些哮喘病和过敏症患者来说，情况就更为严重了。另外，较长时间待在臭氧气体浓度较高的地方，还会导致肺部发生病变。

学以致用

1. 如果有好朋友拉你去网吧打网络游戏，你该怎么做？
2. 怎样做才能避免沉迷于网络呢？说说你的看法。

　　"安全第一，预防为主"是我国安全生产工作的方针，职业安全卫生状况是国家经济发展和社会文明程度的标志，保障劳动者在工作过程中的安全与健康是保持社会稳定和经济持续发展的重要条件。中职生在学校里学习基本的职业安全知识，不仅可以在学校的实训学习中保障自己的安全，也可以为未来职业生涯中的职业安全打下良好的基础。

职场篇

——实现人生价值 走向美好未来

安全技术

用平安祝福学校的今天，用平安打造学校的未来。

☞ 之一：某厂电工李某抢修配电设备，当他侧身歪头去检修一根电缆时，头部不慎碰到另一台正在运行设备的刀闸，万幸的是，李某戴了安全帽，防止了一起头部撞伤和电灼伤的恶性事故。

☞ 之二：某校学生刘某到某钢厂实习。一日，钢厂3号化铁炉出铁时，刘某站在师傅旁边观看出铁情况。出铁时，因铁槽潮湿突然铁水爆炸钢花飞溅，刘某未戴防护镜，右眼溅入比绿豆粒还小的铁珠，他当即大声痛叫并用双手捂住右眼，师傅速送小刘到医务室并转同仁医院治疗。因铁珠温度过高和飞溅冲击力太大，小刘右眼眼球被灼、击伤，虽经一个多月的治疗出院，但他的右眼却永远失明了。

一、机械伤害与安全

机械伤害是指机械加工过程中引起的伤害。在工业生产中，机械伤害占有相当的比例，在职业事故中大约有20%的职业意外事故是机械伤害。机械伤害包括机器工具伤害（辗、碰、割、戳等）、起重伤害（包括起重设备运行过程中所引起的伤害）、车辆伤害（包括挤、压、撞、倾覆等）、物体打击（包括落物、锤击、碎裂、砸伤、崩块等）。

要减少和消除机械伤害，应采取以下的安全技术措施。

（1）采取隔离的方法，即把人与可能伤害人的动能隔离开来。

（2）采用连锁的技术，如金属冲床的闭锁装置。

（3）个体防护的方法，即职工本人采取工装、工具进行有效防护。

（4）严格操作规程。

（5）实现本质安全化，即自动停机、连锁等。

（6）信息警示，即出现危险后，自动声光报警。

二、电器伤害与安全

电器伤害事故大体分为以下 5 种形式。

（1）电流伤害事故：由于人体触及带电体所造成的人身伤亡事故。

（2）电磁伤害事故：机械设备、电器产生的辐射伤害。

（3）雷击事故：这种自然灾害是自然因素形成的。

（4）静电事故：生产过程中产生的静电放电所引起的事故，如塑料和化纤制品，摩擦容易产生静电，严重时可引起爆炸和火灾。

（5）电器设备事故的发生，由于电器设备的绝缘失效或机械故障产生打火，漏电、短路而引起触电、火灾或爆炸事故。

防止电器伤害事故的发生，必须从用电技术、严格管理、学习电器知识、电器设备本质安全化、采用安全防护和保安措施、电器伤害后人的自救和互救等方面做工作。

三、工业防火与防爆

火灾与爆炸会给人类和社会造成巨大灾难和损失。消防与采用防爆技术就是防止发生火灾和爆炸事故的根本措施，这类灾害之源又在于火。火灾出现的关键是由于燃烧，所谓燃烧，是可燃物质在点火能量的作用下发生的一种放热、发光的氧化反应，火灾则是一种破坏性的燃烧。要产生燃烧必须有可燃物质、助燃物质和火源 3 个条件。燃烧包括闪燃、着燃、自燃和爆炸，因此，大火总会伴随爆炸。

工业中常见的防火、防爆措施如下。

（1）控制可燃物质。

（2）采用安全生产工艺。

（3）严格控制火源。

（4）考虑安全距离、防爆距离。

（5）加强消防措施和管理。

四、搬运作业安全

工业中的搬运作业是通过人力和机械来实现的。生产过程中由各种起重设备完成原材料、产品、半成品的装卸搬运，进行设备的安装和检修。在搬运过程中如果忽视了安全，就会出现倒塌、坠落、撞击等重大伤亡事故。如果起重设备起吊赤热、装满熔化金属的耐温锅或酸、碱溶液罐，一旦出现钢缆断裂，吊物倾落，就会引发爆炸、火灾和重大伤亡，造成特大事故。据统计，起重机械事故约占生产性事故的 20%。因此，从事搬运行业的工人应特别注意安全。

其一般防范措施有：坚持起重机人员须经培训、考核、持特种工种证才能上岗的原则；经常检查安全装置，这些装置有过卷扬限制器、超负荷限制器、行程限制器、缓冲器、力矩限制器、制动器、连锁装置、防护装置（防护板以及防护栏杆、警铃、指示灯和接地系统等）；掌握主要安全部件故障排除的方法；熟练起重机操作规程。

五、化工生产环境的安全

化学工业发展到今天，影响到人民生活的方方面面，以致我们生活中充满了化学工业的产品。化学产品在给人们带来利益的同时，也带来了新的问题。由于化工原料、化工产品、生产工艺及部分产品是有尘、有毒的，它严重地危害着生产环境和职工的安全与健康。因此，防止化学性事故的发生就显得愈来愈重要。

防止化学性事故发生要做到：加强明火管理，厂区内不准吸烟；生产区内不准未成年人进入；上班时不准睡觉、干私活、离岗和干与生产无关的事；班前、班上不准喝酒；不准使用汽油等易燃液体擦洗设备、用具和衣物；不按规定穿戴劳动保护用品，不准进入生产岗位；安全装置不齐全的设备不准使用；不是自己分管的设备、工具不准动用；检修设备时，安全措施不落实，不准检修；停机检修后的设备，未经彻底检查，不准启用；未办高处作业证，不系安全带或脚手架、跳板不牢，不准登高作业；石棉瓦上不固定跳板，不准作业；未安装触电保安器的移动式电动工具，不准使用；未取得安全作业证的职工，不准独立作业；特殊工种职工，未办证者，不准作业。

六、建筑施工安全

建筑施工伤害是职业伤害事故中常见且占相当比例的一种。

建筑施工人员无论是民工、正式工、工程技术人员、工地施工管理人员，还是工地负责人员等，都必须学习《建筑安装工程安全技术规程》和《关于加强建筑企业安全施工的

规定》，熟知本职工作范围、安全法规以及有关的规章制度，注意高空作业安全、土石方工程的安全、机电设备安装的安全、拆除工程的安全，瓦工、灰工、木工、搬运工的安全以及施工机械的安全。

要保证建筑施工安全，先要做到水、电、道路通畅，工地平坦；强化现场安全管理，现场要设专职安全员负责安全；制定安全生产制度、安全技术措施；定期检查安全措施执行情况，检查违章作业，检查冬季、雨季施工安全生产设施；注意施工区的安全防护，在现场周围设置围护、屏障，工地上危险地段、区域、道路、建筑、设备要张贴或悬挂禁止或警告、指令、提示标志；夜间要置红灯，防止有人误入，预留洞口、通道口的安全防护，必须设围栏、盖板、架网，所有出入口须设板棚等护头棚；经常检查安全帽、安全带、安全网。

七、生产中常见的压力容器与安全

生产中的压力容器是容易发生爆炸事故的设备。通常这种设备有安全阀、爆破片、压力表、液面计、温度计等安全附件。高压气瓶的安全附件有瓶帽、防震胶圈、泄压阀。为了防爆，国家规定，压力容器每年至少进行一次外部检查，每3年至少进行一次内部检验，每6年至少进行一次全面检验。当压力容器发生下列任一情况时，应立即报告有关部门：当压力容器的工作压力、介质温度或壁温通过允许值，采用各种方法仍无效时；主要受压元件发生裂缝、鼓包、变形、泄漏等缺陷时；安全附件失效、接管断裂、紧固件损毁时；发生火灾直接威胁容器安全时。

工人使用压力容器必须遵守安全操作规程，持证上岗，防火、防爆，保证按期检验，注意安全储存，安全运输。所有压力容器制造单位须经严格的审批，持有压力容器制造许可证者，方能生产。

反观自我

学完此课，即将迈入工作岗位的你是否把"安全须知"牢记心中？

 知识探究

实习须知

对于即将跨出校门，走上实习岗位的中职学生来说，实习是把理论转化为实践的重要环节。同学们在进行实习实践时应特别注意下列几点。

(1) 明确实习目的，选好实习单位，制订实习计划。

(2) 签订实习合同（协议）。

为保证实习活动正常合法进行，学校或参加实习的个人都必须与同意接纳的实习单位签订实习合同（协议）。合同（协议）内容要具体，责任明确，各负其责。

实习人员分配到车间或班组后，应与车间（班组）负责培训的师傅签订师徒合同，明确教与学的责任，特别工种或有危险的作业场所还应签订安全协议，防止发生危险和意外。

(3) 进行三级安全教育。

进入岗位前，必须进行三级安全教育，即厂级教育、车间级安全教育和班级安全教育。

 学以致用

1. 建筑施工安全需要注意哪些问题？
2. 电器伤害分为哪几种形式？

职业病防范

发展是硬道理，安全为在屏障。

 应知导航

2003 年在福建仙游东湖村的数十名贵州农民工，被发现患有严重矽肺病，"东湖事件"被温家宝总理指示公开通报。

2004 年，广州两家电池生产厂家接受检测的 1 021 名职工中，177 人镉超标，2 人镉中毒，被确诊为职

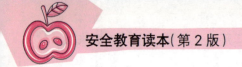

业病，广东"镉增高"事件受到了舆论关注。

2006年，重庆西南制药合成股份有限责任公司二分厂某车间4名职工患肺癌死亡。"致癌车间"的报道不胫而走。

重大事件的背后，是庞大职业病患者群体的健康损失，据卫生部资料显示，截至2010年年底，全国累计报告职业病749 970例，其中累计报告尘肺病676 541例，占90.21%。

一、我国常见职业病的分类

企业、事业单位和个体经济组织的劳动者在职业活动中，因接触粉尘、放射性物质和其他有毒、有害物质等因素而引起的疾病称为职业病。我国把职业病分为10大类115项病种。10大类职业病包括尘肺、职业性放射疾病、职业中毒、物理因素所致职业病、生物因素所致职业病、职业性皮肤病、职业性眼病、职业性耳鼻喉口腔疾病、职业性肿瘤和其他职业病。

二、高粉尘环境的作业人员防尘肺

尘肺病是由于在职业活动中长期吸入生产性粉尘并在肺内滞留而引起的以肺组织弥漫性纤维化为主的全身性疾病。尘肺是全国最主要的职业病，而且近几年一直呈上升趋势。尘肺发病者的年龄也越来越轻，40岁前死亡的比例呈上升趋势，此外，接尘工龄越来越短，有的病人仅20多岁，最短接尘时间不到3年。

一般来说，有下面疾病者不要从事高粉尘的职业：①活动性肺结核患者；②慢性肺疾病、严重的慢性上呼吸道或支气管疾病患者；③患有显著影响肺功能的胸膜、胸廓疾病的人；④严重的心血管系统疾病患者。

三、接触有毒化学物者谨防职业性中毒

近年来，全国急性职业中毒事件一直不减。致病因素中铅及其化合物中毒居首位，其次为苯中毒，锰及其化合物中毒居第三。另外，农村中因生产活动引起的农药中毒事件也时有发生，引起生产性农药中毒的主要农药品种为甲胺磷和对硫磷。

总体说来，接触下面这些化学品的工作人员易发生职业性中毒：正己烷、苯、甲苯、二甲苯、二氯乙烷、三氯乙烯、三氯甲烷、有机锡、磷酸三甲苯酯、五氧化二钒、铅、汞、锰、硫化氢、一氧化碳、二氧化碳、二甲基甲酰胺、砷化氢、农药、老鼠药等。

四、在日光和荧光灯下工作防癌变

1. 高原作业、野外作业、户外作业者防皮肤癌

据统计，户外作业人员头颈部皮肤鳞癌和基底细胞癌的发病率常高于室内工作者。这是因为日光中的紫外线照射可引起细胞DNA断裂、交联和染色体畸变，紫外线还可抑制皮

肤的免疫功能，使突变细胞容易逃脱机体的免疫监视，这些都有利于皮肤鳞癌和基底细胞癌的发生，也可引起黑色素瘤。

2. 长期在荧光灯下工作防癌变

美国生物化学家安德森发现，长时间在荧光灯下生活或工作的人，每星期所接收到的紫外线要比不经常受到荧光灯照射的人多50%，他们皮肤癌变的几率也比正常人高。这是因为，蓝色的荧光灯光线中含有大量看不见的紫外线。

另外，荧光灯发出的光波，能导致生物体内大量细胞遗传变性，使不正常的细胞数量增加，正常的细胞死亡。

五、高温工作者防热痉挛

在热而湿度高的地方长时间工作，有时会突然脸色发青，感到头痛、恶心、头晕并发生痉挛，这就叫热痉挛。出现这种症状如果不及时处理，会进一步发展至意识消失，最后死亡。由于高温时会大量出汗，身体丢失很多水和盐分，血液浓缩，循环不良，所以在高温状态下工作的人员平时应多喝盐水（一杯水中加一匙盐），预防发病。此外，还要常备仁丹、藿香正气水等药品，以备不适之需。

六、电焊工作者谨防电光性眼炎

从事电焊工作的工人如果进行电焊操作时，不注意佩戴防护面罩，眼睛会被电弧光中强烈的紫外线所刺激，从而发生电光性眼炎，即平常所说的电弧光"打"了眼睛。另外，还有一些儿童喜欢观看电焊工人进行操作，也是电光性眼炎的潜在患者。

电光性眼炎的主要症状是眼睛磨痛、流泪、怕光。从眼睛被电弧光照射到出现症状，大约要经过2～10个小时。电光性眼炎如果继发感染造成角膜溃疡，会影响视力。万一发生电光性眼炎，可到医院就医，或用4%奴夫卡因药水点眼，症状会很快缓解。

另外，一般也不要观看电焊工人进行操作。在电焊机周围的人或路经机旁的人，当出现电弧光时，应将脸部转向侧后方。

国家对防治职业病有具体的规定，所以从事高危职业的人在工作前，一定要仔细研究

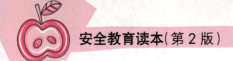

相关规定及注意事项，做到安全工作，健康生活。

职业病的危害很大，学完此课，你认为应该从哪些方面进行预防？

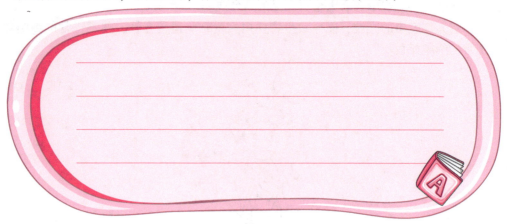

哪些食物可以预防职业病

职业病是工作环境、工作习惯和工作方式等因素综合促成的结果。除了必要的劳动保护以外，有选择地多食用适当的食物，能够有效地降低职业病的发生。

摄影、X光拍片和计算机操作人员：由于经常接触放射线，应多吃高蛋白食品，以补充因放射线损害引起的组织蛋白质的分解；多饮些绿茶，有利于加快体内放射线物质的排泄；还应多食富含碘的食物，如海带、紫菜等。

汞矿开采作业及气压表、汕墨、石英灯、整流器制造人员，由于经常接触汞，应常食用柑橘、胡萝卜、玉米等食物，因为这类食物内含有大量的果胶物质，能与汞结合，防止血液中汞离子大量丧失。除了补充足量的水和盐分外，最好多吃一些含钾较丰富的食品，如黄豆、青豆、绿豆、马铃薯、菠菜、柿饼、香蕉等。高温环境中，人体维生素消耗量增加，大多数水溶性维生素可从汗液中流失，其中以维生素C流失较多，应多吃一些绿叶蔬菜、枣和柑橘类水果。

学以致用

我国常见的职业病有哪些种类？

求职打工警惕陷阱

打工，打出一生的前程。

 应知导航

中职毕业生陈丽在一车站牌旁边看到一则招聘启事，上面写着招聘营销助理，月薪千元。

陈丽与同学一起到该公司去应聘，在通过了面试以后，公司的工作人员称，想当营销助理并拿到高额的薪水，首先要到商场去试用一星期，随后两人被安排到哈市一家家电商场卖手机。当时讲好试用期每天工资 20 元钱。工作了一星期，两个人每人都为商场卖出四五部手机，便兴奋地到公司领取工资。谁知公司竟然反目说，这里的销售员每天都能卖出两三部手机，而两人在这里的这段时间反倒影响了商场的销售额，拒不付工资。

 **知识探究**

随着就业难度的加大，针对中职生急于求职的心理，各类非法招聘层出不穷，挖空心思骗取学生的钱财，让求职学生历尽奔波却屡屡受骗。

一、警惕各种求职诈骗

常见的求职诈骗有以下几种方式。

（1）冒充用人单位或中介单位收取求职学生就业押金、中介费。

（2）骗取学生求职简历，据此向用人企业收取招聘费、信息费。

（3）打着招聘的名义将求职学生带入传销陷阱。

（4）举办非法招聘会，一面收取求职者门票，一面收取用人单位展位费。

二、警惕打工兼职被骗

每年寒暑假，许多同学会加入打工的行列，在这里，特提醒广大同学：打工切忌赚钱心切，上当受骗。观察目前的市场情况，上当受骗者不外乎以下几种情况。

1. 白忙一场

一些学生被个人或流动服务的公司雇佣，讲好的是以月为单位领取工钱，但雇主往往找个借口拖延一下，拖到学生开学时，就消失得无影无踪了。

2. 先付押金型

这类骗局通常在招工广告上称有文秘、打印、公关等轻松、体面的工作，求职者只需交纳一定的保证金即可上班。但往往是学生付钱以后，招聘单位又推说职位暂时已满，要学生听候消息，接下来便石沉大海。

3. 临时苦工型

一些小公司特别是个体建筑承包者看准暑假学生挣钱心切，故意将一些苦、脏、累、险的工作交给他们，而又不与他们签订合同，一旦发生工伤等情况，打工的学生往往是索赔无门、欲哭无泪。

4. 直销、传销型

学生本来以销售人员名义来应聘，但到公司应聘后却被连哄带骗的先买下一些货品，然后公司再让应聘者如法炮制去哄骗他人，并用高回扣作诱饵，一旦上当，往往是学生白搭上一笔钱。

5. 模特、特种行业型

这类招工通常称招模特或歌星、影星培训班，然后要学生花大价钱照艺术照参加遴选，最后再找借口说应聘者条件欠缺而予以拒绝。也有的是以娱乐场所特种行业的高薪来吸引求职者，有的甚至逼她们做色情交易。同学们到这些场所打工，往往容易误入歧途。面对目前社会上形形色色的各种招聘的骗局，毕业生和求职人员一定要保持谨慎，以免受骗上当。

三、如何破解招聘骗局

为了避免落入招聘骗局，大家应该注意以下几点。

1. 应该进入正规的人才市场、劳动市场和信誉度高的专业人才网站应聘

针对大中专毕业生，各教育部门的官方网站也大多开办了招聘专栏，由于他们会对招聘单位进行比较严格的审核，因此发布的信息较为真实。一些大型的专业人才网站都设立了严格的审查制度，也很少出现欺诈的情况，而一些不知名的小中介店铺、小网站则容易出现违法招聘。

2. 凡是附加了报名费、考试费等条件的招聘，一定要高度警惕

按规定，报名费、考试费等费用是不能收取的，填写个人资料时，最好不要留下自己的详细住址和手机号码，一般留下电子信箱联系即可，尽可能作一些必要的保留。

3. 对招聘单位的实际情况要了解清楚

投简历前，可以通过自己应聘单位所在城市的熟人，去打听这家单位的状况，或者通过工商部门、学校就业指导中心核实该单位的真实性。

复试时，要通过各种渠道对单位进行实地考察，以摸清应聘单位的发展前景。签订就业协议或者劳动合同时，一定要注明双方谈妥的福利、保险、食宿条件等，这样双方产生纠纷时就不会空口无凭了。

四、防范实习期间的安全危机

顶岗实习已成为中职学校各个专业必不可少的教学环节。在这个过程中，很多中职学生放松了对自己的要求，认为学习生活即将结束，多姿多彩的社会生活已经到来。其实在中职学校学生管理实践中，每一届毕业生的实习期都是辅导员老师最紧张的时刻。这个时期要考验学生在校是否学到了真本事，还有很多与专业知识无关的考验在等待着同学们。

1. 预防职业危害

顶岗实习期间，中职学生应提高安全意识，严格遵守实习单位的各种安全操作规程，积极向专家、管理人员或老同志请教，不仅要提高专业技能，还要杜绝劳动安全事故的发生。

2. 努力提高专业素养

广东省某中职学校医学专业的学生李某，在医院实习期间参与了一名消化道大出血病人的抢救工作。他急匆匆地为年老体弱的病人输液。药物为需慢滴的氨茶碱，他却采用了每分钟50多滴的滴速。幸亏巡查医生及时发现并予以纠正，否则将导致医疗事故。

需要注意的是，实习期间中职生可能从事不同行业的工作，还有的学生从事的工作与所学专业不对口。不论怎样，都要尽快熟悉所从事的职业岗位的特点，努力把自己塑造成合格的从业人员。

3. 注意实习期间的生活安全

中职生在顶岗实习期间，往往会在实习单位、学校、家之间多次往返，一定要注意保管好财物和旅途安全。另外，在实习单位工作期间，由于对人员不熟悉，就更要注意保管好自己的钱物。

4. 慎重签署劳动用工合同

在顶岗实习之前，中职生与实习单位应本着平等自愿、协商一致的原则签署劳动用工合同，明确、细致、全面地约定双方的责、权、利，预防发生劳动争议。

反观自我

看下面这幅漫画，并谈谈你有何感想？

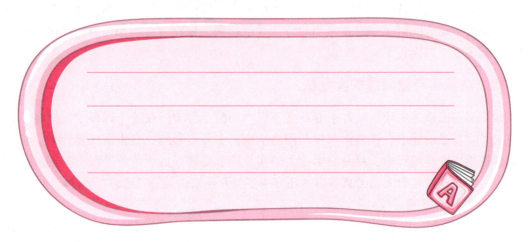

知识拓展

求职注意事项

毕业生在求职时一定要维护自己的合法权益，不要盲目应聘。

(1) 到正规的人才市场或劳动力市场求职。

(2) 掌握劳动法规和相关政策。

(3) 通过多种途径了解招聘公司，注意招聘单位的营业执照等证件。

(4) 拒交各种名义的费用，如就职押金、工作服押金等。

(5) 不轻信许诺到外地上岗。

(6) 不要将重要证件作抵押，如身份证、学历证等。

(7) 谨慎签订劳动合同。

(8) 发觉被骗，及时报案。

学以致用

1. 你有过招工受骗的经历吗？说说应该怎样做才能避免招工受骗？
2. 如果有招聘单位让你先付押金，你会不假思索地支付吗？为什么？

　　我们都希望自己和家人能健康、平安地生活，但我们又常会被意想不到的伤害或疾病所困扰。例如，全家外出旅游时，家人被胡蜂蜇伤；天气特别热时，在大街上中暑晕倒……在生活中，当这些意外事故突然发生，而医生又不在现场的时候，如果你具有基本的急救知识和技能，就可以从容以对，有效地控制病情，减轻伤员的痛苦，赢得宝贵的抢救时间；相反，如果对急救知识一无所知，就可能束手无策，加重本可以避免的伤害，甚至失去抢救伤员生命的良机。

急救篇

——生活急救常识　贴身小卫士

生活急救常识

一分钟的疏忽，一辈子的痛苦。

应知导航

2012年5月，北京市一名20多岁的年轻女子搭乘一辆出租车。细心的出租车司机突然发现，女乘客双手腕部都有一道利器割出的伤口，鲜血直流。见状，他一边用手压住伤口帮该女子止血，一边迅速报警。

公安人员接到报案后，迅速通知了"120"急救中心。"120"急救医生赶到现场后，迅速救治。经医生检查发现，女子双手腕部伤口长约3~5厘米，伴有活动性出血。幸运的是，由于止血及时，而且伤口未伤到肌腱，该女子没有生命危险。

知识探究

一、人工呼吸

心肺复苏术是指心跳、呼吸骤停时进行的一系列抢救措施。简易心肺复苏术包括徒手人工呼吸和心脏胸外按压。

急救前应迅速解开患者的裤带、领扣及过紧的衣服，清除口腔内的假牙、黏液、血块、泥土等物。在进行急救的同时，应立即拨打"120"急救电话或立即将患者送医院救治。在送医院途中要坚持对患者口对口吹气和心脏胸外按压。

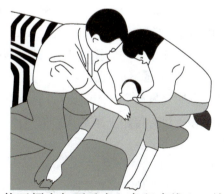

1. 打开气道

患者仰卧，施术者跪于患者一侧，一只手始终紧按患者前额，另一只手先向上托起后颈，使患者头部尽量后仰，然后把手放在下颌下，拇指和食指压在下颌关节开合处，两手一起用力把头部向后推，使下颌尖与耳垂在一条竖直线上，并使嘴张开，这样就打开了气道。

2. 口对口吹气

施术者注意保持患者头部后仰位，用手捏住患者鼻孔，深吸气后对准患者口腔将气吹入。病人胸部扩张起来后，停止吹气并放开鼻孔，让患者胸部自然缩回去。反复进行，每分钟16～18次，直到患者恢复自主呼吸为止。如果吹气时患者胸部不起伏，说明方法不正确，或是气道不通畅，或是吹气用力不够。如果患者舌头后附，影响呼吸道通畅，应设法将舌头拉出。为小儿吹气用力不能过猛，以免吹破肺泡。

3. 心脏胸外按压

心跳骤停在各种场合都常有发生，如果及时进行正确的心脏胸外按压，常能挽救病人的生命。如发现患者心搏骤停，应立即抢救，不得搬动。让患者仰卧在木床板上，头部稍低。施术者右手掌置于胸骨下1/3处，左手压在右手背上，借助上身的力量向患者胸骨有节奏地加压，每分钟60～80次，每次下压使胸骨下陷3～4厘米，再让其自行弹起。心脏胸外按压要与人工呼吸同时进行，以"胸外按压：吹气=5：1"为宜，即做5次胸外按压，再做一次人工呼吸。如果抢救有效，可见病人肤色恢复，颈动脉搏动可摸到，自主呼吸恢复。

刚刚退休的高级工程师李非易有登山锻炼的习惯。每到周末，他都会准时到香山，开始他的登山活动。这一天，他刚刚爬到一半，就感到胸闷、呼吸急促，短短的几分钟后竟失去了知觉，一头栽倒在路上。随后，一个中职学生到此发现昏倒在地的老李，就着急地大声呼救。不一会儿，一中年男子跑上来，一边大口喘气，一边迅速为老人进行检查，并立即为老人进行人工呼吸。大约10多分钟后，急救人员赶到，在医生的急救下，老人恢复了心跳和呼吸，并被转送到医院进行进一步的治疗。不过，急救医生说幸亏有热心游客的及时救助，否则猝死的老人就难逃过这个"鬼门关"了。

二、外伤出血急救

一个成年人全身的血液约占其体重的8%。在伤口小、出血量少时，伤者周身情况无明显变化。当损伤后失血量超过20%时，就会出现脸色苍白、手脚发凉、脉搏细弱等休克表现。当出血量达到总血量的40%时，病人就会有生命危险。外伤发生后，失血的速度越快，对人的生命威胁越大。几分钟内失血1000毫升就可致人死亡。

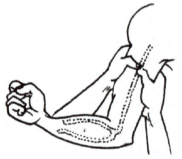

下面介绍现场急救中外出血的止血方法。

1. 直接压迫止血法

在野外发生意外伤害，如果伤口不大，血液流出速度缓慢，可直接用干净柔软的敷料或手巾压在伤口上止血。若此方法无效，再改用其他止血方法。

2. 指压动脉止血法

在现场急救中，最快速、最有效的止血法是指压动脉止血法。此方法根据人体主要动脉的体表投影位置，用单个或多个手指向骨骼方向加压，以压闭动脉来止住伤口的大量出血。指压止血只要摸准位置，压迫力度够，就能起到立竿见影的止血效果。此方法的缺点是效果有限，不能持久，但是在发生大出血时能为寻找急救材料或使用其他止血方法赢得时间。

3. 加压包扎止血法

对于损伤面积较大、肌肉断端出血等指压止血效果不理想者，可采用加压包扎止血。方法是用无菌敷料或棉垫填塞覆盖伤口，再用绷带加压包扎。在急救现场如无急救包，可用口罩、纱布、棉衣、被褥等做成敷料，把衣服、被单撕成条状代替绷带。

4. 屈曲肢体加垫止血法

这种方法只能用于肘部和膝部以下部位的出血，并且要求伤肢无骨折和关节损伤，否则要改用其他止血方法。

5. 止血带止血法

止血带只用于四肢的大出血，在现场急救中主要使用橡皮止血带和布止血带。

王钦是一个登山爱好者，曾经一次意外险些夺走他的性命。当时，他由于在登山时不慎踩在一块松动的石头上，脚下一滑，滚落到山路的一个拐弯处，左手臂开放性骨折，鲜血不停地流出。他忍着钻心的疼痛，先用手机报警，在等待救护的时候，果断地用自己的鞋带扎紧受伤手臂的上端。为减少出血量，他还尽力设法将手臂抬得高一些，直到救护的医生到来。急救医生说辛亏他为自己进行了及时止血，否则会因为失血太多导致昏迷，甚至还可能有生命危险。

三、骨折急救

骨的连续性或完整性被破坏称为骨折。骨折急救非常重要，应争取时间抢救生命，保护受伤肢体，防止加重损伤和伤口感染。急救多需他人协助进行，应尽快将伤员送至医院治疗。

（1）应了解受伤情况。为慎重起见，对怀疑有骨折者可按骨折处理；对颅脑损伤合并昏迷者须注意保持呼吸系统通畅，防止窒息。

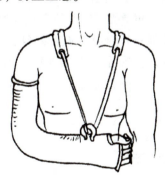

（2）有伤口者可用清洁衣衫等物加压包扎止血，防止伤口再次污染；骨折合并四肢大血管出血者须用止血带止血。

（3）骨折本身并不可怕，更重要的是，要及时发现伤员全身情况及合并损伤。

（4）一般伤员运送途中应取仰卧位。对于颈椎骨折伤员在搬动时，应由一人轻牵头部，保持与躯干长轴相一致，并随之转动，防止颈部过伸、过曲和旋转。

（5）对离断的肢体转运前应将断肢用消毒敷料或干净毛巾等包裹并放入密闭塑料袋中，然后放在盛放冰块或冷水的容器中，切记不可将冰块直接接触肢体；禁止将断肢浸泡在酒精、消毒液、生理盐水等液体内。对肢体不完全离断伤者，应以夹板妥为固定。

四、中暑急救

中暑是指人在高温或强烈日光曝晒环境下从事体力劳动、体育活动、野外活动等引起体温调节功能紊乱、体液失衡及神经系统功能损伤所致的急性高热疾病。中暑在高气温、高温度、风速小和强热辐射的环境下容易发生，同时也常见于产妇、老年人，体弱和有慢性疾病者。发生中暑的病人往往是在烈日下曝晒，或在高温环境中逗留和做剧烈运动。

1. 中暑的类型

根据发病的情况，中暑可分为以下3类。

（1）先兆中暑：患者全身乏力、多汗头昏、口渴、恶心、胸闷、心悸、注意力不集中等，体温正常或略升高。

（2）轻度中暑：除上述症状加重外，体温在38.5℃以上，面色潮红，皮肤灼热，同时有呼吸困难，心率、脉搏加快，大量出汗、呕吐，血压下降等症状发生。

（3）重度中暑：上述症状进一步加重，并伴有昏厥、昏迷、痉挛或高热，体温达40℃以上。重度中暑又分为4种类型，即中暑衰竭、中暑痉挛、中暑高热和日射病。

2. 中暑怎样救治

根据中暑程度不同，可采取不同方法进行急救。

（1）先兆及轻度中暑。立即离开高温环境，将患者移到阴凉通风处，松解衣扣，给予清凉、含盐饮料，安静休息。涂擦清凉油或酒精、白酒，口服人丹、解暑片、藿香正气丸等药物。体温高者，可用冷水袋或冰袋置放于头领部、腋下、腹股沟，用冰水擦浴。病情无缓解时应送医院救治。

（2）重度中暑者。迅速对患者进行全身降温，如放置冰袋、冰帽，用冰水擦浴等，并将患者移送到空调间或阴凉通风处，然后拨打"120"急救电话，请医务人员到现场急救。

对心跳、呼吸骤停者，应立刻进行心肺复苏，直到送入医院或医务人员赶到实施医疗救治为止。

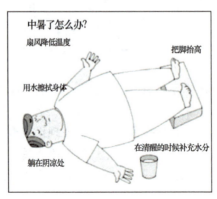

中暑了怎么办?
扇风降低温度
把脚抬高
用水擦拭身体
在清醒的时候补充水分
躺在阴凉处

五、烧伤急救

烧伤，也称灼伤，是日常生活常见的损伤，它包括热力烧伤如开水、热蒸汽、火焰、热稀饭、热金属；化学性质烧伤如强酸强碱；电烧伤如触电、雷电击；物理性和放射性（放射线如 X 射线、γ 射线等引起的机体组织灼伤）。各类烧伤急救方法如下。

1. 火烧伤急救

火场烧伤处理的当务之急是尽快消除皮肤受热。

（1）用清水或自来水充分冷却烧伤部位。

（2）用消毒纱布或干净布等包裹伤面。

（3）伤员发生休克时，可用针刺或使用止痛药止痛；对呼吸道烧伤者，注意疏通呼吸道，防止异物堵塞。

（4）伤员口渴时可饮少量淡盐水；紧急处理后可使用抗生素药物，预防感染。

2. 蒸汽、沸水烫伤

首先不要惊慌，也不要急于脱掉贴身单薄的如汗衫、丝袜之类的衣服，应迅即用冷水冲洗。等冷却后才可小心地剪开衣袖、裤袜，将湿衣服、裤袜脱去，以免撕破烫伤后形成的水泡。肢体可浸于冷水中以减轻疼痛，然后进行创面包扎。选用的包扎物要清洁，避免污染和再损伤。切勿涂有色药物及油类，以免妨碍对创面的观察。

3. 化学物品烧伤急救

当受到酸、碱、磷等化学物品烧伤时，最简单、最有效的处理办法是，用大量清洁冷水冲洗烧伤部位，一方面可冲洗掉化学物品，另一方面可使伤者局部毛细血管收缩，减少对化学物品的吸收。

4. 电烧伤急救

触电后，电流出入处发生烧伤，局部肌肉痉挛，且多为Ⅲ度烧伤。

（1）迅速关闭电源，使伤者脱离电源。

（2）将伤员转移至通风处，松开衣服。当伤者呼吸停止时，施行人工呼吸；心脏停止跳动时，施行胸外按压；并可注射尼可刹米（可拉明）等呼吸兴奋剂，促使自动恢复呼吸。

（3）同时进行全身及胸部降温。

（4）清除呼吸道分泌物。

（5）对伤口用消毒纱布包裹，出血时用止血带、止血药等包扎处理。

（6）重度灼伤要求在 8 小时内送到救治单位，减少途中颠簸，否则在休克期以后（伤后 48 小时）再送。转运途中要输液，并采取抗休克措施。

六、冻伤急救

冻伤是人体遭受低温侵袭后发生的损伤。冻伤的发生除了与寒冷有关，还与潮湿、局部血液循环不良和抗寒能力下降有关。一般将冻伤分为冻疮、局部冻伤和冻僵三种。冻伤是一种累积型伤害，全身冻伤时非常危险，几乎所有的病人都会出现发呆、嗜睡的症状。如果让病人睡下去，体温便渐渐降低，直至冻死。

1. 急救措施

（1）发现皮肤有轻微冻伤时，应尽快采取措施对患处进行保暖，如将受冻的手放在腋下升温，或将脚放在同伴的胃部等处取暖，或慢慢地用与体温一样的温水浸泡患部，使之升温，恢复正常温度。

（2）属于局部冻伤，可用手、干毛巾或辣椒泡酒，对患部进行擦拭，直到发热。

（3）发现被冻僵的患者应尽快用大衣、棉被等物品包裹并送到温暖的地方，让患者服用姜汤等热饮料进行恢复。

（4）属于全身冻伤，体温降到20℃以下就很危险。此时患者一定不要睡觉，应强打精神并进行一些活动，以保持体温不下降，否则可能会出现生命危险。

（5）当全身冻伤者出现脉搏、呼吸变慢的时候，应保证呼吸道畅通，并进行人工呼吸和心脏按摩。要逐渐使身体恢复正常体温，然后快速送往医院救治。

2. 注意事项

（1）对局部冻伤进行救治时，禁止把患部直接泡入热水中或用火烤患部，这样反而会使冻伤加重。

（2）按摩会引起感染，最好不要做按摩。

（3）用茄子秸或辣椒秸煮水，洗容易冻伤的部位，或用生姜涂擦局部皮肤，有预防冻伤的作用。

七、扭伤急救

扭伤是指由于关节过猛地扭转、撕裂附着在关节外面的关节囊、韧带造成的伤害。扭伤最常见于踝关节、手腕及下腰部。发生在下腰部的扭伤，就是平常说的闪腰岔气。扭伤的常见表现是痛、肿及皮肤青紫、关节不能转动。

1. 急救措施

扭伤发生48小时内应使用冰袋，之后冷热交替。在仍然疼痛的时候尽量避免使用扭伤的肌肉。当疼痛减缓后，开始缓慢地做一些适度的恢复性运动。

一般来讲，如果自己活动时，扭伤部位虽然疼痛，但并不剧烈，大多是软组织损伤，可以自己医治。如果自己活动时有剧痛，不能站立和挪步，疼在骨头上，扭伤时有声响，伤后迅速肿胀等，是骨折的表现，应马上到医院诊治。踝关节扭伤后48小时内，应用冰敷抬高压迫予以紧急处理。病患处可先用弹性绷带或充气式固定器加以压迫，防止进一步肿胀，同时将下肢抬高增加静脉血回流以防肿胀。此时更是冰敷的最佳时机，将冰块包上毛巾或者在夏季可以用冰凉的山泉水沾湿毛巾就是最简单的冰敷用具。冰敷的目的在防止内出血持续。根据具体情况掌握冷敷频率，登山活动可以按照每小时敷20分钟进行，但需避免冻伤。要正确使用热敷和冷敷。热敷和冷敷都是物理疗法，作用却截然不同。血遇热而活，遇寒则凝，所以在受伤早期宜冷敷，以减少局部血肿；在出血停止以后再热敷，可加速消散伤处周围的淤血。一般而言，在受伤24～48小时后使用热敷。

（1）在运动中扭伤手指，应立即停止运动。首先是冷敷，最好用冰。但一般没有准备，可用水代替。将手指泡在水中冷敷15分钟左右，然后用冷湿布包敷。再用胶布把手指固定。如果一周后肿痛继续，可能是发生了骨折，一定要去医院诊治。

（2）如踝关节扭伤，首先是要静养。用枕头把小腿垫高。可用茶水或酒调敷七厘散，敷伤处，外加包扎。也可以在关节周围包一层厚棉花，外用绷带包扎，这样可以减轻肿胀。如果是踝关节扭伤而无医务人员在场处理，可以不脱鞋袜，在鞋上直接扎一"∞"字形绷带。

抬高、冷敷

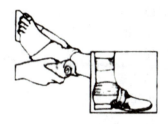

直接扎一"∞"字形绷带

（3）腰部扭伤也要静养。应在局部作冷敷，尽量采取舒服体位，或者侧卧，或者仰平卧屈曲，膝下垫上毛毯之类的物品。止痛后，最好是找医生来家治疗。

2．注意事项

（1）当天，每3～4小时进行15分钟冷敷（可以缓解肿胀）。请注意不能直接用冰块接触皮肤。

（2）至少让受损肌肉休息一天。

（3）保持拉伤的肌肉处于抬高的位置可以缩短症状持续时间。

总的来说，当发生运动伤害时，最好要马上处理。处理的原则有五项，简称PRICE，即保护（Protection）、休息（Rest）、冰敷（Icing）、压迫（Compression）、抬高（Elevation）。

保护的目的是不要引发再次伤害。休息是为了减少疼痛、出血、肿胀并防止伤势恶化。压迫及抬高也都有上述的效果。冰敷还能够有止痛的功能。挫伤、淤青、轻度肌肉拉伤、韧带扭伤，经由上面几种方式处理，以及适当的复健治疗，都能够在短时间内恢复健康。严重的肌肉拉伤（断裂）、韧带扭伤（断裂）、骨折，则必须由专科医师手术治疗。

八、中风急救

中风，又称脑卒中。

中风，一般分为两类，即出血性脑中风，如脑溢血、蛛网膜下腔出血；缺血性脑中风，如脑动脉血栓形成、脑栓塞。中风病大多由情绪波动、忧思恼怒、饮酒、精神过度紧张、疲劳等因素诱发所致。在中风发生之前常可出现一些典型或不典型的症状，即中风预兆。

1．常见的预兆

（1）眩晕：呈发作性眩晕，自觉天旋地转，伴有吹风样耳鸣，听力暂时丧失，并有恶心呕吐、眼球震颤，通常历时数秒或几十秒，多次反复发作，可一日数次，也可几周或几个月发作一次。

（2）头痛：疼痛部位多集中在太阳穴处，突然发生持续数秒或数分钟，发作时常有一阵胸闷、心悸。有些人则表现为整个头部疼痛或额枕部明显疼痛，伴有视力模糊、神志恍惚等。

（3）视力障碍：迅即发生视物不清、复视，一侧偏盲或短时间阵发性视觉丧失，又在瞬间恢复正常。

（4）麻木：在面部、唇部、舌部、手足部或上下肢，发生局部或全部、范围逐渐扩大的间歇性麻木，甚至短时间内失去痛觉或冷热感觉，但很快又恢复正常。

（5）瘫痪：单侧肢体短暂无力，活动肢体时感到力不从心、走路不稳似醉酒样、肢体动作不协调，或突然失去控制数分钟，同时伴有肢体感觉减退和麻木。

（6）猝然倒地：在急速转头或上肢反复活动时突然出现四肢无力而跌倒，但无意识障碍，神志清醒，可立即自行站立起来。

（7）记忆丧失：突然发生逆行性遗忘，无法回想起近日或近10日内的事物。

（8）失语：说话含糊不清，想说又说不出来，或声音嘶哑，同时伴有吞咽困难。

（9）疼痛：多在闲坐或睡眠时发作，一侧手足的肌肉发生间歇性抽筋或疼痛。

（10）定向丧失：短暂的定向不清，包括时间、地点、人物不能正常辨认，有的则不认识字或不能进行简单的计算。

（11）精神异常：出现情绪不稳定，易怒或异常兴奋、精神紧张，有的表现为神志恍惚、手足无措。

一旦出现上述中风预兆，提示中风即将在近期内发生，尤其是原有高血压、动脉粥样硬化、心脏病、糖尿病的患者，更应提高警惕积极采取预防措施：离开施工现场、公路上、火炉旁、深水边等危险境地，以防中风跌倒后发生其他意外事故；完全卧床休息，调节心境，保持冷静，避免情绪激动，坚持按医嘱服用相应药物，定时测血压及时调整用药剂量；避免中风时摔倒，有中风预兆的人应尽量不坐高处如椅子，不上高处。

2. 中风后病人的急救措施

（1）病人去枕或低枕平卧，头侧向一边，保持呼吸道通畅，避免将呕吐物误吸入呼吸道，造成窒息。切忌用毛巾等物堵住口腔，妨碍呼吸。

（2）摔倒在地的病人，可移至宽敞通风的地方，便于急救。上半身稍垫高一些，保持安静，检查有无外伤，出血可给予包扎。

（3）尽量不要移动病人的头部和上身，如需移动，应由1人托住头部，与身体保持水平的位置。

（4）拨打"120"、"999"电话呼救，请急救人员前来急救。

（5）吸氧，血压显著升高但神志清醒者，可给予口服降血压药物。

（6）守候在病人身旁，一旦发现呕吐物阻塞呼吸道，采取各种措施使呼吸道畅通，可用手掏取。呼吸停止时进行口对口人工呼吸。

（7）脑中风应送医院进行CT检查，区分脑中风的类型，针对病因进一步治疗。

九、休克急救

休克是较重的创伤、出血、剧痛和细菌感染时出现的一种全身性严重致命反应，如不能正确急救即有生命危险。

迄今医学界解释休克的理论为"微循环障碍所致"。微循环是指血管口径小于200微米以内的网状毛细血管。维持微循环正常流通有三个条件：第一是全身血管内有充足血量，第二是心脏每次搏出足够的血量，第三是微小的动脉收缩力正常。不论哪一个环节出现问题都会发生致命休克。

1. 休克的种类及成因

低血容量性休克——常因大量出血或丢失大量体液而发生，如外伤或内脏大量出血、急剧呕吐、腹泻等，都会使毛细血管极度收缩、扩张或出现缺血和淤血。

感染性休克——由病毒、细菌感染引起，如休克性肺炎、中毒性痢疾、败血症、暴发性流脑等。

心源性休克——因心脏排血量急剧减少所致，如急性心肌梗死、严重的心律失常、急性心力衰竭及急性心肌炎等。

过敏性休克——因人体对某种药物或物质过敏引起，如青霉素、抗毒血清等。可造成瞬间死亡。

神经性休克——由强烈精神刺激、剧烈疼痛、脊髓麻醉意外等而发病。

创伤性休克——常由骨折、严重的撕裂伤、挤压伤、烧伤等引起。

2. 休克的临床表现

休克在临床上通常分为早期（又称代偿期和兴奋期）和晚期（又称失代偿期和抑制期）。

（1）早期：即休克开始时，病人有短时间的精神兴奋，后出现呻吟、烦躁不安、表情紧张、面色发白、脉搏快但有力、呼吸浅而急促，血压可正常或略增，但脉压变小，四肢凉而多汗。这些症状可历时几分钟到几十分钟，若不注意观察，不及时抢救，可使休克转向晚期。

（2）晚期：典型的是极端口渴、表情淡漠、反应迟钝、问话不答、眼球下陷、皮肤及口唇苍白，出冷汗，脉细速而微弱，浅表静脉不充盈，呼吸浅快或不规则，体温低于正常，血压不断下降，脉压小，尿量减少，瞳孔散大，意识不清，甚至进入昏迷状态。

3. 休克的预防和急救

（1）若为严重的创伤时，应立即止血、止痛、包扎、固定。

（2）平卧于空气流通处，下肢抬高30°，头部放低，并用冷水打湿毛巾敷头，以利静脉血液回流。

（3）保持呼吸通畅，松解腰带、领带及衣扣，及时清除口鼻中呕吐物。

（4）方便时立即吸氧，保持安静，止痛，保暖，少搬动。

（5）意识清楚时，喝热茶、姜糖水。

（6）运送途中要平稳，少搬动，头低脚高，保暖。

（7）疼痛时，肌肉注射哌替啶（杜冷丁）50毫克或布桂嗪（强痛定）50毫克，吸氧，补液；过敏所致者立即停用致敏药，平卧，头低足高，肌肉注射肾上腺素1毫克，或异丙嗪50毫克，或地塞米松10毫克，就地抢救；心源性休克者原则上不能搬动，应吸氧，胸外按压心脏，速请医生；感染性休克者安静平卧，头低足高，尽快送急救站、医院治疗。

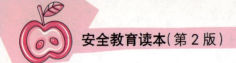

（8）抗休克裤广泛使用于创伤出血性休克的急救转运。头、胸外伤引起的休克慎用。心脏压迫和张力性气胸禁忌使用。

（9）尽快消除病因。外科疾病引起的休克抢治时，不能墨守"先抢救后手术"的常规，例如，控制内脏大出血，修补脏器穿孔，切除坏死肠管，整复肠扭转，引流体腔大量脓汁等都应及时处理。补充足够的体液容量，输血、输液是根本的急救措施。

 反观自我

想一想，自己在生活中会不会用本课讲的急救常识。

知识拓展

"120"急救电话

"120"是急救中心专用电话号码，如果你自己或身边的人得了急病、受到意外伤害等，可立即拨打"120"电话。调度的工作人员问清楚病情后，会派离你最近的救护车前去。救护车上的医生、护士，能给病人和伤员以最好的帮助。打通"120"电话后，应该讲清楚以下内容。

（1）病人的姓名、性别、年龄。

（2）病人的病情，要说最主要的情况，比如头痛、心口疼、肚子疼、晕倒在地、烫伤、伤口流血多、煤气中毒、溺水昏迷等。

（3）病人现在的地址、附近最明显的标志、用以联系的电话号码，便于救护车快速准确赶到。

学以致用

1. 怎样做人工呼吸?
2. 外伤出血应怎样包扎?

中毒急救

热爱生活，因为生命只有一次；关心安全，因为安全是生命的
保障。

应知导航

某周日，张女士和几个朋友在鼓楼一家四合院式的餐厅里聚餐，为烘托气氛，餐馆还在包间里放了一个火炉。酒过三巡，几个早来的朋友都说有点头晕、恶心、大家都以为是酒喝多了的缘故，就没放在心上。但是，席间去洗手间的张女士离开很长时间也没有回来，后来才被朋友发现晕倒在那里。医院检查证明张女士是一氧化碳中毒。

知识探究

一、煤气中毒

煤气中毒多因在密闭的房间内使用煤炉、炭炉取暖，或因煤气使用不当而发生。煤气是无色、无味的气体，主要成分是一氧化碳。在通风不良、氧气不足时，燃料燃烧不完全，就会产生大量的一氧化碳。家庭作为燃气的煤气中也含有大量的一氧化碳。一氧化碳经人体吸入后，与血液中的血红蛋白结合，形成碳氧血红蛋白，使血红蛋白失去携氧能力，从而造成低氧血症，使重要器官组织缺氧，引起一系列临床症状，甚至死亡。

1. 煤气中毒的主要表现

（1）轻度中毒：有头晕、头痛、乏力、恶心、呕吐及胸闷、心悸等症状，马上离开中毒环境，吸入新鲜空气，即可恢复正常。

（2）中度中毒：除上述部分症状加重外，还有面色潮红、口唇呈樱桃红色、多汗、烦躁、心率增快、呼吸困难、步态不稳、震颤、神志不清等。若及时抢救可脱离危险，无明显后遗症。

（3）重度中毒：病人迅速昏迷，大、小便失禁，肌张力增高，病理反射阳性，危重者面色苍白，四肢厥冷．瞳孔散大，血压下降，阵发性或持续性全身僵直、抽搐，并发肺水肿、脑水肿，最后因呼吸及循环衰竭而死亡，或留下智力迟钝、肢体瘫痪等后遗症。中毒者血液中碳氧血红蛋白测定呈阳性。

2. 煤气中毒的抢救

（1）立即打开现场门窗，搬走煤炉、炭盆，关掉煤气阀门。

（2）迅速将中毒者转移到空气流通处，如房间外面、走廊、院子里等，让病人吸入新鲜空气或吸入高浓度氧气，把上衣解开，不可多人挤在一起。

（3）保持呼吸道通畅，可以将患者上背部至颈根部垫高约30°角，使头稍向后仰。如有昏迷、抽搐、牙关紧闭者，可用开口器打开口腔，置于上下牙之间口角处。

（4）心跳、呼吸停止时，应立即施行心肺复苏术。

（5）注意保暖，在寒冷环境下，可给予热水袋等。

（6）及时送患者到有条件的医院，给予高压氧疗，药物治疗，输血、换血治疗，使用心电监护器、呼吸机及其他治疗仪器。

二、急性酒精中毒

由于饮酒过量易造成急性酒精中毒，早期出现面红、脉搏快、情绪激动、语无伦次、恶心、呕吐、嗜睡等症，严重者可出现昏迷，甚至呼吸麻痹而死亡，还可发生高热、惊厥及脑水肿等。

1. 急性酒精中毒的治疗

对急性酒精中毒者，一般处理原则是禁止继续饮酒，可采用刺激舌根部以催吐，轻者饮用咖啡或浓茶可缓解症状，对症状较重者可用温水或2%碳酸氢钠溶液洗胃。一般醉酒者经休息、饮茶即可较快恢复，中毒症状重者应送医院诊治。对昏睡者可在洗胃后注入浓茶，出现昏迷者可肌注安钠咖0.5克或戊四氮0.1~0.2克，以及哌甲酯、回苏林等中枢兴奋剂，呼吸抑制呈表浅缓慢呼吸衰竭时，可肌注山梗菜碱10毫克或尼可刹米0.375克，必要时进行人工呼吸。对严重中毒者可静脉注射50%葡萄糖溶液100毫升和胰岛素20单位。同时肌注维生素D6和烟酸各100毫克，以加速乙醇氧化及促进患者清醒，必要时可进行血液透析。如果酒精中毒伴有脱水，则可以进行静脉补液。

2. 急性酒精中毒的预防

避免过量饮酒是预防本病发生的最有效方法，特别是注意勿空腹大量饮酒。如确需应酬要饮酒，必须在饮酒前进食一些含蛋白质及脂肪丰富的食物，以避免醉酒。

三、毒蛇咬伤

1. 症状

（1）神经毒：侵犯神经系统为主，局部反应较少，会出现脉弱、流汗、恶心、呕吐、视觉模糊、昏迷等全身症状。

（2）血液毒：侵犯血液系统为主，局部反应快而强烈，一般在被咬后30分钟内，局部开始出现剧痛、肿胀、发黑、出血等现象。时间较久之后，还可能出现水疱、脓包，全身会有皮下出血、血尿、咯血、流鼻血、发烧等症状。

（3）混合毒：同时兼具上述两种症状。

2. 处理

（1）保持冷静。千万不可以由于紧张而乱跑奔走求救，这样会加速毒液散布。尽可能辨识咬人的蛇有何特征，不可饮用酒、浓茶、咖啡等兴奋性饮料。

（2）立即缚扎。用止血带缚于伤口近心端上5～10厘米处，如无止血带可用毛巾、手帕或撕下的布条代替。缚扎时不可太紧，应可通过一指，其程度应以能阻止静脉和淋巴回流、不妨碍动脉流通为原则（和止血带止血法阻止动脉回流不同），每2个小时放松一次即可（每次放松1分钟）。而以前的观念认为15～30分钟中要放松30～60秒，临床视实际状况而定，如果伤处肿胀迅速扩大，要检查是否绑得太紧，绑的时间应缩短，放松时间应增多，以免组织坏死。

（3）冲洗切开伤口，适当吸吮。在将伤口切开之前必须先用生理食盐水、蒸馏水清洗，必要时亦可用清水清洗伤口。然后将伤口以消毒刀片切开呈"十"字形，用吸吮器将毒血吸出，施救者应避免直接以口吸出毒液，若口腔内有伤口可能引起中毒。另外，口服蛇药片（如南通季德胜蛇药片），或将蛇药片用清水溶成糊状涂在创口四周。

（4）立即送医。如果无法确定是被无毒的蛇咬伤，则应视将患者送至有血清的医疗单位（山区卫生所或县医院）接受进一步治疗。

3. 预防

（1）进入有蛇的区域应穿厚靴，用厚帆布绑腿。

（2）夜行应持手电筒照明，并用竹竿在前方左右拨草，将蛇赶走。

（3）野外露营时应将附近的长草、泥洞、石穴清除，以防蛇类躲藏。

（4）平时应熟悉各种蛇类的特征及毒蛇咬伤的急救法。

四、狂犬病

狂犬病是人被狗、猫、狼等动物咬伤而感染狂犬病毒所致的急性传染病。狂犬病毒能在狗的唾液腺中繁殖，咬人后通过伤口残留唾液使人感染。人发病时主要表现为兴奋、恐水、咽肌痉挛、呼吸困难和进行性瘫痪，直至死亡。潜伏期为20～90天，一旦发病，治疗上目前无特效药物，病死率极高，几乎近100%。

所以，人被狗或猫咬伤后，不管当时能否肯定是疯狗所为，必须在伤后的2个小时之内，尽早对伤口进行彻底清洗，以减少狂犬病的发病机会。用干净的刷子，可以是牙刷或纱布和浓肥皂水反复刷洗伤口，尤其是伤口深部，并及时用清水冲洗，不能因疼痛而拒绝认真刷洗，刷洗时间至少要持续 30 分钟。冲洗后，再用 70% 的酒精或 50℃ ~ 70℃ 的白酒涂擦伤口数次，在无麻醉条件下，涂擦时疼痛较明显，伤员应有心理准备。涂擦完毕后，伤口不必包扎，可任其裸露。对于其他部位被狗抓伤、舔舐以及唾液污染的新旧伤口，均应按咬伤同等处理。经过上述伤口处理后，伤员应尽快送往附近医院或卫生防疫站接受狂犬病疫苗的注射。

五、蜂螫

蜜蜂和黄蜂尾部毒囊中的毒液通过尾端一枚连接毒囊的螫针刺人皮肤进入人体。蜂毒液中含有蚁酸、组织胺样物质、透明质酸酶、磷脂酶 A、神经毒素等，除引起刺伤局部反应外，还可引起神经、溶血、出血等全身症状。

人被蜂螫后，局部有疼痛、红肿、麻木症状，数小时后能自愈；少数刺伤处出现水疱，很少有全身中毒症状。被群蜂多处刺伤，在很短时间内即有发热、头痛、恶心、呕吐、腹泻等症状。重者发生溶血、出血、烦躁不安、肌肉痉挛、抽搐、昏迷、急性肾功能衰竭等。对蜂毒过敏者，迅速出现荨麻疹、喉头水肿和（或）气管痉挛，可导致窒息，并可发生过敏性休克。

（1）被蜂螫伤后，其毒针会留在皮肤内，必须用消毒针将叮在肉内的断刺剔出，然后用力掐住被螫伤的部分，用嘴反复吸吮，以吸出毒素。如果身边暂时没有药物，可用肥皂水充分洗患处，然后再涂些食醋或柠檬。

（2）万一发生休克，在通知急救中心或去医院的途中，要注意保持中毒者呼吸畅通，并对其进行人工呼吸、心脏按压等急救处理。

反观自我

结合身边发生的中毒事件，讨论在日常生活中应如何防止中毒事件发生？

毒蛇与无毒蛇的区别

全世界的蛇类约有 2 500 种，其中毒蛇约 650 种。我国有蛇约 170 多种，其中毒蛇 50 种左右。怎样识别有毒蛇和无毒蛇呢，一般人单凭头部是否呈三角形或者尾巴是否粗短，或者颜色是否鲜艳来区分，这是不全面的。虽然蝰亚科、蝮亚科的毒蛇，头部的确呈明显的三角形，但海蛇科及眼镜科的毒蛇，头部并不呈三角形；而无毒蛇中的伪蝮蛇，头部倒是呈三角形的。五步蛇、蝮蛇和眼镜蛇的尾巴确实很粗大，但烙铁头的尾巴就较细长；很多色泽鲜艳的蛇，如玉斑锦蛇、火赤链蛇等并非是毒蛇，而蝮蛇的色泽如泥土或似狗屎样，很不引人注目，但却很毒。因此区别有毒和无毒蛇主要根据以下几点。

1. 毒腺

有毒蛇具有毒腺，无毒蛇不具有毒腺。毒腺是由唾液腺演化而来，位于头部两侧、眼的后方，包藏于颌肌肉中，能分泌出毒液。当毒蛇咬物时，包绕着毒腺的肌肉收缩，毒液即经毒液管和毒牙的管或沟，注入被咬对象的身体内使之发生中毒，无毒蛇没有这一功能。

2. 毒液管

毒液管即输送毒液的管道，连接在毒腺与毒牙之间。只有毒蛇才具备有毒液管。

3. 毒牙

毒蛇具有毒牙，它位于上颌骨无毒牙的前方或后方，比无毒牙又长又大。被毒蛇咬伤的伤口，局部常见到两个明显的毒牙痕，如被连续咬两口，可见到 4 个牙痕，有时也可见到 1～3 个毒牙痕。在毒牙痕的近旁有时可见 2 个小牙痕，也可能出现 1～3 个小牙痕。毒蛇除毒牙外，还有一些无毒牙，毒牙或无毒牙掉落后由副牙递补。无毒蛇咬人仅见到较细的成排的细牙痕。

1. 煤气中毒时该怎么急救？
2. 在野外露营应注意什么？

第三课 灾难急救

水火无情人有情，预报预知防灾临。

某日，海口地区雷雨交加，正在田里割稻谷的海口东山镇星村村民黄某及其母亲、嫂子3人急急忙忙跑到田边的一棵大树下躲避，不料躲过了雨淋却遭到了雷击，造成了一死两伤的惨剧。

一、地震

我国处于濒太平洋地震带与欧亚地震带交汇处，地质结构相当活跃，约有1/3的国土受到袭击。本世纪以来，全球共发生7级以上地震1 200余次，1/10发生在中国。

1. 地震时的防护措施

（1）立即关闭电源、火源。

（2）住平房者要迅速跳出门外到比较宽广的地方，住楼房者可躲在桌子下面或有支撑和管道多的室内。

（3）头部最好戴安全帽、顶塑料盆等，以便保护头部。

不要向教室外跑，应该先用书包护住头部，躲在课桌下，地震过后，在教师指挥下转移到室外。

（4）不要靠近狭窄的夹道、壕沟、峭壁和岸边等危险地方。

（5）居住在海边的居民要防海啸，防止海水倒流的水灾。

（6）居住近山者，要警惕山崩和泥石流的发生。

（7）跑散时不要过度惊慌，要有序不紊。

（8）注意余震，但不要听信谣言。

2. 地震后的自救与互救

一般来讲，较大的地震发生之后，到处是断壁残垣、瓦砾废墟。对于幸免于难的人们来说，及时地开展自救和互救以减少伤亡程度是十分必要的。研究表明，地震发生后，越早对受灾者进行抢救，救活率就越高。自救与互救的措施包括以下内容。

（1）被埋压人员应充满信心、保存体力，伺机采取相应措施，主动脱险。

（2）脱险后的受难者应迅速对尚未脱险者实施救助，互救要有组织、有指挥地进行，切忌图快而增加不应有的伤亡。

（3）铲、铁钎等便于挖掘的轻便工具和毛巾、被单、衬衣、木板等器材是救护中必不可少的。

二、雷电

雷电是大气中的放电自然现象，如果不懂得防雷电常识，可能受到雷击伤害。那么，如何防止雷电危害呢？

（1）雷电交加时，不要蹲在露天处，尤其不要站在高处，要远离电线杆、水塔、大树、水车棚、看瓜棚等突出物8米以外；不要站在高楼墙边，更不要靠近避雷网接地引下线。

（2）要避免携带的东西突出身体以外。行军时枪口应朝下，站岗时枪要立在地上；在劳动时遇到雷雨，不要扛着锹、锄等铁质工具乱跑，应放下金属农具，就近找低洼处趴下；在广阔地带遇雷雨，可穿雨衣，不要使用带金属柄的雨伞。

（3）若雷电发生时你正在河里、水田中劳作或在池中游泳，要快速离开水面，以防雷电通过水的传导而遭雷击。

（4）为防止雷电波沿着低压进线电源窜入室内损坏家用电器，在雷雨密集时或电源电压受到干扰时，最好停止使用家电，并关掉电源，拔下插头。

（5）发生雷击时，人的身体不要接触墙壁、门窗以及一切沿墙敷设的金属管道，还要远离垂下的电线头和一切电线，以防雷击时高压电从配电线路引入的危险。

（6）雷雨交加时，应避免外出，并及时将门、窗关严，防止有穿堂风，使球形雷随风窜入室内。

（7）要等雷电过后再打电话，以防雷电从通信信号线中侵入。

三、台风

台风是最巨大、最猛烈的风暴。台风往往会带来暴雨，甚至引起潮浪，淹没广大沿海陆地，冲毁道路。知道有台风来临，要做好预防工作。

（1）海边、河口等低洼地区的居民在台风吹袭前，尽可能到台风庇护站暂避；水上人家和渔民应把船艇驶入避风港；木屋区居民要用铁丝把屋顶绷好，以防狂风把屋顶掀起，居所靠近高压电线的人家，用胶带在窗玻璃上贴出"米"字形图案，以防破碎。

（2）台风吹袭时，切勿靠近窗户。以免被强风吹破的窗玻璃碎片弄伤，并准备毯子和大毛巾，万一窗玻璃破碎时，可以用其堵住风雨。

（3）留在屋内最安全，即使久困生闷，也不宜走到街上去，并储存足够的罐头、食物和饮用水，购买备用蜡烛，因为水电供应可能会中断数天。

（4）强风过后不久，"风眼"可能在上空掠过，会平静一段时间，天色变晴朗，风亦停止，切勿以为风暴已结束，因为台风可能会以雷霆万钧之势从反方向再度横扫过来。

四、海啸

海啸是一种破坏力很大、范围很广的灾害，它对于海岸及船上人员的安全具有严重的威胁，需要及时防范。海边的居民及其他人员平时应注意收听广播、收看电视的预报消息，观察海边的潮流动向，把船舶、浮桥等海上漂浮物牢牢地系在柱子上，把其他物品设法固定起来，房屋和围墙要加以修补，把容易漂浮的家具固定起来。

万一被海啸卷进海中，需要沉着、冷静，见机行事，因为有可能会被第二次或第三次涌浪推上岸来。如果正巧被浪推上岸来，应及时抓住地面上牢固的物体，以免被再次卷入海中。地震、海啸发生时在船的甲板上，应马上蹲下并抓住物体，以免被抛入海中。

在海上随船漂流时，要有坚强的意志，学会节约饮用水，想方设法寻找食物。要想尽一切办法呼救，如喊叫、吹口哨、挥动颜色鲜艳的衣物等。

五、泥石流

泥石流是发生在沟谷或坡地上的一种饱含大量泥沙石块和巨砾的流体。泥石流的形成一般需要3个条件：要有陡急的山坡、沟谷；要有大量充足的松软固体物质；要有充足的水源。

据研究，泥石流运动的速度一般是每秒5~6米，最大可达每秒15米，坡度越大，流速越快。泥石流从形成到流向堆积区有一段时间，因此当发现泥石流形成或听到它流动的声音时，要立即向垂直于泥石流主轴方向的河床的两岸高处奔跑，绝对不能犹豫或躲藏在谷底中的什么地方，那样做等于是放弃了逃生的机会。

六、洪灾

一个地区短期内连降暴雨，河水会猛烈上涨，漫过堤坝，淹没农田、村庄，冲毁道路、桥梁、房屋，这就是洪水灾害。严重的水灾通常发生在江河湖溪沿岸及低洼地区，如果预防及时，灾区居民会及时转移，但是有些洪灾来势凶猛，可能来不及预先准备。此外，一些外地旅游者也有可能突然遭遇洪水的袭击，因此，学会自救非常重要。

（1）受到洪水威胁，如果时间充裕，应按照预定路线有组织地向山坡、高地等处转移；在已经受到洪水侵袭的情况下，要尽可能利用船只、木排、门板、木床等做水上转移。

（2）为防止洪水涌入屋内，首先要堵住大门下面所有空隙。最好在门槛外侧放上沙袋，沙袋可用麻袋、草袋或布袋、塑料袋，里面塞满沙子、泥土、碎石。

（3）如果洪水不断上涨，应在楼上储备一些食物、饮用水、保暖衣物以及烧开水的用具。

（4）在爬上木筏之前，一定要试试木筏能否漂浮，要在木筏上备好食品、发信号用具（如哨子、手电筒、旗帜、鲜艳的床单）、划桨等物品。在离开房屋漂浮之前，要吃些含较多热量的食物，如巧克力、糖、甜糕点等，并喝些热饮料，以增强体力。

（5）在离开家门之前，要把煤气阀、电源总开关等关掉，时间允许的话，将贵重物品用毛毯卷好，收藏在楼上的柜子里。出门时最好把房门关好，以免家产随水漂流掉。

（6）发现高压线铁塔倾倒、电线低垂或断折，要远离避险，不可触摸或接近，防止触电。

（7）洪水过后，要服用预防流行病的药物，做好卫生防疫工作，避免发生传染病。

七、火山爆发

火山爆发是人力所不能避免的巨大自然灾害，人们一旦遇到这种灾害，其生命财产安全便会受到极大威胁。

撤离危险区时可以使用一切可以利用的交通工具。如果火山灰越积越厚，汽车因车轮陷住无法行驶，应当机立断放弃汽车，沿大路奔跑，离开灾区。如果有火山口喷涌出的熔岩流逼近时，应立即爬上高地。

在撤离危险区的过程中，要做好下列防护措施：①保护好头部，可以戴上头盔或者安全帽，也可以用普遍帽子塞满报纸来抵挡一阵；②用湿手帕或毛巾、围巾等掩住口鼻作为临时性的人造防毒面具，用来过滤尘埃和毒气；③戴上护目镜以保护眼睛；④穿上厚重的衣服以保护身体。

火山爆发时，不但有大量的炽热岩浆从火山口喷出，还会有大量火山灰喷出，火山灰混合着各种气体有时会形成时速很快的炽热火山云。火山云所掠之处，植物、动物无不受到损害。

因此，如果遇到火山云，是相当危险的。遇到火山云向自己滚滚袭来，只有两条逃生途径：①迅速躲进砖石砌筑的坚固地下室。②赶紧跳进附近的河中，屏住呼吸，将全身隐入水中。一般说来，一小团火山云在30秒的时间内便会飘掠而过。

八、雪崩

在所有高大的山岭区域，雪崩是一种严重的灾害。最常见的雪崩是聚积的雪突然滑下斜坡。当山自身的一部分突然垮掉，导致岩石、砾石和沙的混合物一起滑下时，也可发生雪崩。当暴雨、地震或积聚的压力达到某一点（此时结构突然变得不稳定）时，也可能引发此类现象。

发生雪崩后，往往会因为道路堵塞，或者消息无法传出，遇难者得不到及时外部救援，因此自救是最重要的。下面是遭遇雪崩时应采取的措施。

平躺，用爬行姿势在雪崩面的底部活动，丢掉包裹、雪橇、手杖或者其他累赘，覆盖口、鼻部分以避免把雪吞下。休息时尽可能在身边造一个大的洞穴。在雪凝固前，试着到达表面。扔掉你一直不能放弃的工具箱——它将在你被挖出时妨碍你抽身。节省力气，当听到有人来时大声呼叫。被雪掩埋时，冷静下来，让口水流出从而判断上下方，然后奋力向上挖掘。

九、龙卷风

龙卷风是从强流积雨云中伸向地面的一种小范围强烈旋风。龙卷风出现时，往往有一个或数个如同"象鼻子"样的漏斗状云柱从云底向下伸展，同时伴随狂风暴雨、雷电或冰雹。龙卷风经过水面，能吸水上升，形成水柱，同云相接，俗称"龙吸水"。经过陆地，常会卷倒房屋，吹折电杆，甚至把人、畜和杂物吸卷到空中，带往他处，对人民的生命财产威胁极大。

龙卷风发生的地区很广泛，常发生于夏季的雷雨天气时，尤以下午至傍晚最为多见，所以不能不防。那么，在龙卷风袭来时，怎样有效地保护自己呢？

（1）龙卷风往往来得十分迅速、突然，直径一般在十几米到数百米。龙卷风的生命期短，一般只有几分钟，最长也不超过数小时。所以在这一段时间最好不要到屋外活动。

（2）龙卷风袭来时，应打开门窗，使室内外的气压得到平衡，以避免风力掀掉屋顶，吹倒墙壁。

（3）在室内，人应该保护好头部，面向墙壁蹲下。

（4）如在野外遇到龙卷风，应迅速向龙卷风前进的相反方向或者侧向移动躲避。

（5）如龙卷风已经到达眼前时，应寻找低洼地形趴下，闭上口、眼，用双手、双臂保护头部，防止被飞来物砸伤。

（6）如果是在乘坐汽车时遇到龙卷风，应下车躲避，不要留在车内。

反观自我

随着环境的破坏，洪灾、干旱、沙尘暴等自然灾害日益猖獗，我们应该如何改善这种现状？

知识拓展

预测地震民谣

震前动物有预兆，　群测群防很重要。

牛羊骡马不进圈，　猪不吃食狗乱咬。

鸭不下水岸上闹，　鸡乱上树高声叫。

冰天雪地蛇出洞，　大猫携着小猫跑；

兔子竖耳蹦又撞，　鱼跃水面惶惶跳。

蜜蜂群迁闹哄哄，　鸽子惊飞不回巢。

家家户户都观察，　综合异常作预报。

学以致用

1. 地震时该怎样逃生？
2. 怎样避免被雷电击中？

附录《学生伤害事故处理办法》

中华人民共和国教育部令第12号（2002－06－25）

第一章 总 则

第一条 为积极预防、妥善处理在校学生伤害事故，保护学生、学校的合法权益，根据《中华人民共和国教育法》《中华人民共和国未成年人保护法》和其他相关法律、行政法规及有关规定，制定本办法。

第二条 在学校实施的教育教学活动或者学校组织的校外活动中，以及在学校负有管理责任的校舍、场地、其他教育教学设施、生活设施内发生的，造成在校学生人身损害后果的事故的处理，适用本办法。

第三条 学生伤害事故应当遵循依法、客观公正、合理适当的原则，及时、妥善地处理。

第四条 学校的举办者应当提供符合安全标准的校舍、场地、其他教育教学设施和生活设施。教育行政部门应当加强学校安全工作，指导学校落实预防学生伤害事故的措施，指导、协助学校妥善处理学生伤害事故，维护学校正常的教育教学秩序。

第五条 学校应当对在校学生进行必要的安全教育和自护自救教育；应当按照规定，建立健全安全制度，采取相应的管理措施，预防和消除教育教学环境中存在的安全隐患；当发生伤害事故时，应当及时采取措施救助受伤害学生。

学校对学生进行安全教育、管理和保护，应当针对学生年龄、认知能力和法律行为能力的不同，采用相应的内容和预防措施。

第六条 学生应当遵守学校的规章制度和纪律；在不同的受教育阶段，应当根据自身的年龄、认知能力和法律行为能力，避免和消除相应的危险。

第七条 未成年学生的父母或者其他监护人（以下称为监护人）应当依法履行监护职责，配合学校对学生进行安全教育、管理和保护工作。

学校对未成年学生不承担监护职责，但法律有规定的或者学校依法接受委托承担相应监护职责的情形除外。

第二章 事故与责任

第八条 学生伤害事故的责任，应当根据相关当事人的行为与损害后果之间的因果关系依法确定。

因学校、学生或者其他相关当事人的过错造成的学生伤害事故，相关当事人应当根据其行为过错程度的比例及其与损害后果之间的因果关系承担相应的责任。当事人的行为是损害后果发生的主要原因，应当承担主要责任；当事人的行为是损害后果发生的非主要原因，承担相应的责任。

第九条 因下列情形之一造成的学生伤害事故，学校应当依法承担相应的责任：

（一）学校的校舍、场地、其他公共设施，以及学校提供给学生使用的学具、教育教学和生活设施、设备不符合国家规定的标准，或者有明显不安全因素的；

（二）学校的安全保卫、消防、设施设备管理等安全管理制度有明显疏漏，或者管理混乱，存在重大安全隐患，而未及时采取措施的；

（三）学校向学生提供的药品、食品、饮用水等不符合国家或者行业的有关标准、要求的；

（四）学校组织学生参加教育教学活动或者校外活动，未对学生进行相应的安全教育，并未在可预见的范围内采取必要的安全措施的；

（五）学校知道教师或者其他工作人员患有不适宜担任教育教学工作的疾病，但未采取必要措施的；

（六）学校违反有关规定，组织或者安排未成年学生从事不宜未成年人参加的劳动、体育运动或者其他活动的；

（七）学生有特异体质或者特定疾病，不宜参加某种教育教学活动，学校知道或者应当知道，但未予以必要的注意的；

（八）学生在校期间突发疾病或者受到伤害，学校发现，但未根据实际情况及时采取相应措施，导致不良后果加重的；

（九）学校教师或者其他工作人员体罚或者变相体罚学生，或者在履行职责过程中违反工作要求、操作规程、职业道德或者其他有关规定的；

（十）学校教师或者其他工作人员在负有组织、管理未成年学生的职责期间，发现学生行为具有危险性，但未进行必要的管理、告诫或者制止的；

（十一）对未成年学生擅自离校等与学生人身安全直接相关的信息，学校发现或者知道，但未及时告知未成年学生的监护人，导致未成年学生因脱离监护人的保护而发生伤害的；

（十二）学校有未依法履行职责的其他情形的。

第十条 学生或者未成年学生监护人由于过错，有下列情形之一，造成学生伤害事故，应当依法承担相应的责任：

（一）学生违反法律法规的规定，违反社会公共行为准则、学校的规章制度或者纪律，实施按其年龄和认知能力应当知道具有危险或者可能危及他人的行为的；

（二）学生行为具有危险性，学校、教师已经告诫、纠正，但学生不听劝阻、拒不改正的；

（三）学生或者其监护人知道学生有特异体质，或者患有特定疾病，但未告知学校的；

（四）未成年学生的身体状况、行为、情绪等有异常情况，监护人知道或者已被学校告知，但未履行相应监护职责的；

（五）学生或者未成年学生监护人有其他过错的。

第十一条 学校安排学生参加活动，因提供场地、设备、交通工具、食品及其他消费与服务的经营者，或者学校以外的活动组织者的过错造成学生伤害事故，有过错的当事人应当依法承担相应的责任。

第十二条 因下列情形之一造成的学生伤害事故，学校已履行了相应职责，行为并无不当的，无法律责任：

（一）地震、雷击、台风、洪水等不可抗的自然因素造成的；

（二）来自学校外部的突发性、偶发性侵害造成的；

（三）学生有特异体质、特定疾病或者异常心理状态，学校不知道或者难于知道的；

（四）学生自杀、自伤的；

（五）在对抗性或者具有风险性的体育竞赛活动中发生意外伤害的；

（六）其他意外因素造成的。

第十三条 下列情形下发生的造成学生人身损害后果的事故，学校行为并无不当的，不承担事故责任；事故责任应当按有关法律法规或者其他有关规定认定：

（一）在学生自行上学、放学、返校、离校途中发生的；

（二）在学生自行外出或者擅自离校期间发生的；

（三）在放学后、节假日或者假期等学校工作时间以外，学生自行滞留学校或者自行到校发生的；

（四）其他在学校管理职责范围外发生的。

第十四条 因学校教师或者其他工作人员与其职务无关的个人行为，或者因学生、教师及其他个人故意实施的违法犯罪行为，造成学生人身损害的，由致害人依法承担相应的责任。

第三章　事故处理程序

第十五条 发生学生伤害事故，学校应当及时救助受伤害学生，并应当及时告知未成年学生的监护人；有条件的，应当采取紧急救援等方式救助。

第十六条 发生学生伤害事故，情形严重的，学校应当及时向主管教育行政部门及有关部门报告；属于重大伤亡事故的，教育行政部门应当按照有关规定及时向同级人民政府和上一级教育行政部门报告。

第十七条 学校的主管教育行政部门应学校要求或者认为必要，可以指导、协助学校进行事故的处理工作，尽快恢复学校正常的教育教学秩序。

第十八条 发生学生伤害事故，学校与受伤害学生或者学生家长可以通过协商方式解决；双方自愿，可以书面请求主管教育行政部门进行调解。成年学生或者未成年学生的监护人也可以依法直接提起诉讼。

第十九条 教育行政部门收到调解申请，认为必要的，可以指定专门人员进行调解，并应当在受理申请之日起60日内完成调解。

第二十条 经教育行政部门调解，双方就事故处理达成一致意见的，应当在调解人员的见证下签订调解协议，结束调解；在调解期限内，双方不能达成一致意见，或者调解过程中一方提起诉讼，人民法院已经受理的，应当终止调解。调解结束或者终止，教育行政部门应当书面通知当事人。

第二十一条 对经调解达成的协议，一方当事人不履行或者反悔的，双方可以依法提起诉讼。

第二十二条　事故处理结束，学校应当将事故处理结果书面报告主管的教育行政部门；重大伤亡事故的处理结果，学校主管的教育行政部门应当向同级人民政府和上一级教育行政部门报告。

第四章　事故损害的赔偿

第二十三条　对发生学生伤害事故负有责任的组织或者个人，应当按照法律法规的有关规定，承担相应的损害赔偿责任。

第二十四条　学生伤害事故赔偿的范围与标准，按照有关行政法规、地方性法规或者最高人民法院司法解释中的有关规定确定。

教育行政部门进行调解时，认为学校有责任的，可以依照有关法律法规及国家有关规定，提出相应的调解方案。

第二十五条　对受伤害学生的伤残程度存在争议的，可以委托当地具有相应鉴定资格的医院或者有关机构，依据国家规定的人体伤残标准进行鉴定。

第二十六条　学校对学生伤害事故负有责任的，根据责任大小，适当予以经济赔偿，但不承担解决户口、住房、就业等与救助受伤害学生、赔偿相应经济损失无直接关系的其他事项。学校无责任的，如果有条件，可以根据实际情况，本着自愿和可能的原则，对受伤害学生给予适当的帮助。

第二十七条　因学校教师或者其他工作人员在履行职务中的故意或者重大过失造成的学生伤害事故，学校予以赔偿后，可以向有关责任人员追偿。

第二十八条　未成年学生对学生伤害事故负有责任的，由其监护人依法承担相应的赔偿责任。学生的行为侵害学校教师及其他工作人员以及其他组织、个人的合法权益，造成损失的，成年学生或者未成年学生的监护人应当依法予以赔偿。

第二十九条　根据双方达成的协议、经调解形成的协议或者人民法院的生效判决，应当由学校负担的赔偿金，学校应当负责筹措；学校无力完全筹措的，由学校的主管部门或者举办者协助筹措。

第三十条　县级以上人民政府教育行政部门或者学校举办者有条件的，可以通过设立学生伤害赔偿准备金等多种形式，依法筹措伤害赔偿金。

第三十一条　学校有条件的，应当依据保险法的有关规定，参加学校责任保险。

教育行政部门可以根据实际情况，鼓励中小学参加学校责任保险。

提倡学生自愿参加意外伤害保险。在尊重学生意愿的前提下，学校可以为学生参加意外伤害保险创造便利条件，但不得从中收取任何费用。

第五章　事故责任者的处理

第三十二条　发生学生伤害事故，学校负有责任且情节严重的，教育行政部门应当根据有关规定，对学校的直接负责的主管人员和其他直接责任人员，分别给予相应的行政处分；有关责任人的行为触犯刑律的，应当移送司法机关依法追究刑事责任。

第三十三条　学校管理混乱，存在重大安全隐患的，主管的教育行政部门或者其他有关部门应当责令其限期整顿；对情节严重或者拒不改正的，应当依据法律法规的有关规定，给予相应的行政处罚。

第三十四条 教育行政部门未履行相应职责，对学生伤害事故的发生负有责任的，由有关部门对直接负责的主管人员和其他直接责任人员分别给予相应的行政处分；有关责任人的行为触犯刑律的，应当移送司法机关依法追究刑事责任。

第三十五条 违反学校纪律，对造成学生伤害事故负有责任的学生，学校可以给予相应的处分；触犯刑律的，由司法机关依法追究刑事责任。

第三十六条 受伤害学生的监护人、亲属或者其他有关人员，在事故处理过程中无理取闹，扰乱学校正常教育教学秩序，或者侵犯学校、学校教师或者其他工作人员的合法权益的，学校应当报告公安机关依法处理；造成损失的，可以依法要求赔偿。

第六章 附 则

第三十七条 本办法所称学校，是指国家或者社会力量举办的全日制的中小学（含特殊教育学校）、各类中等职业学校、高等学校。本办法所称学生是指在上述学校中全日制就读的受教育者。

第三十八条 幼儿园发生的幼儿伤害事故，应当根据幼儿为完全无行为能力人的特点，参照本办法处理。

第三十九条 其他教育机构发生的学生伤害事故，参照本办法处理。

在学校注册的其他受教育者在学校管理范围内发生的伤害事故，参照本办法处理。

第四十条 本办法自 2002 年 9 月 1 日起实施，原国家教委、教育部颁布的与学生人身安全事故处理有关的规定，与本办法不符的，以本办法为准。

在本办法实施之前已处理完毕的学生伤害事故不再重新处理。